煤矿从业人员安全培训数字化创新教材

煤矿从业人员安全培训教材

（定制版）

全国煤矿安全培训教材建设专家委员会　**组织编写**

匡　鸣　赵秀英　**主编**

中国矿业大学出版社

·徐州·

内容提要

为了满足煤矿从业人员安全培训的需要，我们组织行业内专家编写了本教材。本教材紧紧围绕煤矿从业人员需要掌握的安全知识和必备技能，内容紧贴工作实际，浅显易懂，不仅介绍了从业人员需要掌握的安全常识，同时解答了其工作中存在的一些困惑。对于重难点知识，书中配有视频，可手机扫码观看。

本书适用于煤矿从业人员安全技术培训，也可供煤矿安全生产管理人员、工程技术人员、特种作业人员和相关人员参考。

图书在版编目(CIP)数据

煤矿从业人员安全培训教材 / 匡鸣，赵秀英主编. 徐州 ：中国矿业大学出版社，2025. 1. — ISBN 978-7-5646-6605-7

Ⅰ. TD7

中国国家版本馆 CIP 数据核字第 2025B3D452 号

书　　名　煤矿从业人员安全培训教材
主　　编　匡　鸣　赵秀英
责任编辑　吴学兵
出版发行　中国矿业大学出版社有限责任公司
（江苏省徐州市解放南路　邮编 221008）
营销热线　(0516)83885370　83884103
出版服务　(0516)83885312　83884920
网　　址　http://www.cumtp.com　**E-mail**:cumtpvip@cumtp.com
印　　刷　江苏淮阴新华印务有限公司
开　　本　880 mm×1240 mm　1/32　**印张** 8.125　**字数** 250 千字
版次印次　2025 年 1 月第 1 版　2025 年 1 月第 1 次印刷
定　　价　30.00 元

《煤矿从业人员安全培训教材》
编写委员会

主　　编：匡　鸣　赵秀英

副 主 编：孔祥宇　彭　丽　庞文浩　谢永鹏

李　政　刘岱硕　燕茂峰　胡家刚

参编人员：胡正凤　刘　灏　华敏慧　王　华

刘青红　杨　辉　高　虎　刘　洁

马　芳　景慧军　路　照　李黔生

数字资源使用方法

微信扫书中二维码即可观看对应视频。

微信扫码关注“中国矿业大学出版社煤炭知识服务”微信公众号，可联系我们领取课件等资料。

中国矿业大学出版社煤炭知识服务

前　言

为适应煤矿从业人员安全培训工作的实际需要，依据《煤矿安全培训规定》（国家安全生产监督管理总局令第92号）、2021版《安全生产法》、2022版《煤矿安全规程》、2024版《煤矿安全生产条例》等法律、法规和煤炭行业相关标准，在深入调研和广泛征求煤矿从业人员安全培训意见的基础上，本着针对性、实用性的要求，结合煤矿安全生产实际，我们组织编写了《煤矿从业人员安全培训教材》。

本教材共10章，内容包括：安全生产方针、法律法规与安全培训，煤矿从业人员安全生产的权利与义务，煤矿企业安全生产管理体系与规章制度，入井常识，煤矿生产基础知识，灾害防治与事故应急避险，职业危害与职业病防治，煤矿危险源辨识、安全风险分级管控与隐患排查治理，自救、互救与创伤急救，煤矿典型事故案例分析。

本教材主要有以下特点：

（1）满足煤矿从业人员安全培训的实际要求，着力于煤矿从业人员安全素质提升，知识全面丰富。

（2）严格按照2024版《煤矿安全生产条例》以及最近几年国家颁布实施的一系列法律、法规编写，有针对性地增加了新的实用性知识，符合当前煤矿安全生产发展的特点。

（3）内容全面、层次分明、系统科学，可满足全国各类煤矿企业从业人员安全培训要求。

(4) 进行了数字化创新，配套相关实操视频，可利用手机扫码观看实操视频，以提升学员学习兴趣，提升培训效果。

教材中法律名称均省去“中华人民共和国”，用简称。

本教材是煤矿从业人员的安全培训教材，也可供煤矿企业的安全生产管理人员、工程技术人员、特种作业人员和相关人员学习、参考。本教材配套有 PPT 课件和考试试题，便于培训教师备课和组织考试，请加微信 xuebwu 联系（只限培训机构教师）。

限于编者水平，书中难免有不妥之处，敬请广大读者批评指正。

全国煤矿安全培训教材建设专家委员会

2024 年 12 月

目　　录

第一章　安全生产方针、法律法规与安全培训

第一节　职工安全培训常见疑问

一、煤矿职工为什么一定要参加安全培训

一是因为参加安全培训是法律赋予每一名职工的权利和义务，不按规定参加安全培训就是违法，需要承担相应的法律责任，甚至可能会受到法律的惩处。

二是因为工作的煤矿井下现场存在着各种各样的自然灾害、事故隐患和安全风险等，只有参加培训才能系统、全面地学习和掌握相关安全知识和技能，促进事故防范和学会避灾逃生。

三是因为只有按规定参加培训，经考核合格，并取得相应的安全操作证书或安全培训合格证（明）后，才能具备相应的上岗作业资格。

四是因为安全培训是广大职工一项特殊的福利和待遇，常说“一人培训、三代受益”“一次培训、终身受益”。所以，安全培训既事关职工的生命安全，又和职业安全发展息息相关，任何人都没有理由不参加培训。

五是因为通过参加安全培训，职工可以及时了解安全生产新知识、企业安全文化动态和规章制度更新变化，以及职业道德和企业安全发展新目标、新任务等内容，有助于更好、更安全地做好本职工作。

二、煤矿安全培训的主要法律依据是什么

对煤矿企业来说，安全培训相关的法律依据主要有以下两个：

一是《安全生产法》第 28 条第一款规定：生产经营单位应当对从业人员进行安全生产教育和培训，保证从业人员具备必要的安全生产知识，熟悉有关的安全生产规章制度和安全操作规程，掌握本岗位的安全

操作技能，了解事故应急处理措施，知悉自身在安全生产方面的权利和义务。未经安全生产教育和培训合格的从业人员，不得上岗作业。

二是《煤矿安全培训规定》（国家安全生产监督管理总局令第92号）第4条第一款规定：煤矿企业是安全培训的责任主体，应当依法对从业人员进行安全生产教育和培训，提高从业人员的安全生产意识和能力。

除了以上两方面的依据外，《矿山安全法》、《劳动法》、职业健康安全法规以及国务院部门规章等，对安全培训也有相关的具体规定和要求。

三、从安全培训的角度来说，煤矿从业人员包含哪几大类人员

从安全培训的角度来说，煤矿从业人员包括四大类，分别是煤矿主要负责人、煤矿安全生产管理人员、煤矿特种作业人员和煤矿其他从业人员。也就是说，煤矿从业人员不是专指某一类人员，而是四类人员的统称。

四、有关安全培训的费用有哪些规定

首先，依据《国务院关于大力发展职业教育的决定》，各类安全培训都是有专项经费的，一般按照企业职工工资总额的1.5%（不低于）足额提取教育培训经费，并且是专款专用。

其次，用于安全培训的资金，按规定不得低于企业全部职工教育培训经费总额的40%。

再次，职工参加安全培训是不需要个人承担任何费用的，交通费、住宿费、教材费和误餐费等都由企业承担。

最后，所有安全培训的考试、考核和发证（包括补考、补证）也都是不收取费用的，职工个人不需要承担任何费用。

但在培训管理实践中，也有部分煤矿企业对参加安全培训考核不合格，没有取得证书的学员，规定其培训费用自理，或承担部分费用，以示处罚。

五、职工日常安全教育培训有什么特点，一般要学习哪些内容

职工日常安全教育培训是职工所在区队利用业余时间（班前、班后会）开展的短期自主培训，一般是全员参加，是职工全脱产培训的补充。

讲课人员主要是区队主要领导和技术人员等。实践中，很多煤矿企业是通过“三个一”活动（一日一题、一周一案、一月一考）来开展的。按照“按需施教、学以致用”的原则，其学习内容大概有以下五个方面：

① 本单位安全生产规章制度和劳动纪律。

② 本单位生产工作面作业规程和技术措施。

③ 本单位生产设备、设施和作业环境基本情况。

④ 本单位生产现场避灾路线和避灾设施。

⑤ 企业安全文化、职业道德宣传、事故案例警示和形势任务教育等。

六、职工被派外出参加安全培训，应注意哪些事项

按照规定，如果企业自身不具备安全生产培训机构基本条件，那么可以委托其他具备安全生产培训机构基本条件的机构对职工进行安全培训，也就是职工被派外出参加安全培训，包括考试、取证等。在这种情况下，应注意以下事项：

① 要按规定时间去培训机构报到，并提前向本单位相关人员交接好手头工作。

② 按照培训通知的要求，带好必要的学习及办证资料。

③ 注意交通安全和相关安全规定。

④ 按时参加考试和提交需要的个人办证资料。

⑤ 按照规定时间取证或补考，并妥善保管证书。

⑥ 掌握相关证书复审时间，按时参加复审培训。

七、为了建好“一人一档”，职工本人通常需要提供哪些书面材料

按照相关规定，企业会为每一名职工建立专门的安全培训档案，叫作“一人一档”。为了及时和规范建好上述档案，职工自己需要在规定的时间内，按要求向所在单位相关部门提交以下书面材料：

① 安全生产培训登记表，包括文化程度、职务、工作经历和职称、技能等级等情况。

② 身份证、学历证书、职称（技能等级）证书等复印件。

③ 历次接受安全生产培训、考核的情况。

④ 安全生产违规违章行为记录，以及因安全生产被追究责任，受

到处分、处理的情况。

⑤ 其他有关情况。

八、职工个人安全生产违规、违章行为为什么要被记录在案

按照“一人一档”的建档要求，企业以文件形式下发的从业人员安全生产违规、违章行为记录应记录在案。实践中，通常将相关处理文件以附件的形式存入相关人员档案。这一做法的目的主要有三个：一是对照处理情形并结合相关规定对该职工的岗位证书资格进行审查；二是吸取教训，提高下一步培训的针对性；三是作为证书到期复验的审核条件之一。

九、怎样理解“持证上岗”规定，落实这项规定时要注意什么

“持证上岗”是安全培训的一项重要制度。在安全生产实践中，主要指煤矿特种作业人员和其他从业人员经专门的安全培训和考核合格后，取得特种作业操作证书或其他从业人员培训合格证明，上岗作业时，要求做到随身携带，并配合对其证书的检查。

落实上述规定时，相关人员应注意以下几点：

① 证书应载明持证人姓名、证书编号、持证人近期照片、操作工种、证书有效时间等。

② 如果携过期证书上岗，一般会按照无证上岗处罚。

③ 持证上岗制度要求现场做到“人证相符”和“岗证相符”(有的省、市要求每位特种作业人员持证不能超过两个)。

④ 相关持证人员一定要在证书有效期内，至少提前 60 日主动参加证书复审培训或向单位申请去参加证书复审培训。另外，连续离开岗位 6 个月以上的特种作业人员需要重新进行专门的考核方可持证上岗。

最后要切记：证书不能转借、不能涂改，更不能持假证或别人的证书上岗。

十、煤矿“其他从业人员”指的是哪些人员，其岗位准入条件(文化程度)是什么

煤矿“其他从业人员”是指除矿山企业主要负责人、安全生产管理人员和特种作业人员以外，从事安全生产活动的其他从业人员，包括使用的被派遣劳动者和外包施工队伍人员等。煤矿“其他从业人员”应当具备初中及以上文化程度。

实际上，在煤矿企业中，“其他从业人员”人数居多、工种居多，流动性大，培训任务重，组织难度大。在安全检查实践中，也经常发现有其他从业人员“漏培”和“先上车后买票”的情况，不具备岗位准入条件，给安全生产埋下隐患。如果发现这类情况，职工有权向有关部门领导反映，因为这显然就是一种违法行为。

十一、煤矿“其他从业人员”安全培训及考试有哪些规定

煤矿“其他从业人员”主要由煤矿企业自主培训、考试（当然也实行教考分离）和发放安全培训合格证明，但相关培训大纲、理论考试题库和实操考试标准按规定由省级安全培训主管部门组织制定和颁布执行。

十二、煤矿“其他从业人员”安全培训要学什么，教学目标是什么

煤矿“其他从业人员”安全培训要学习的内容一般包括“安全技术知识”和“实际操作技能”两大方面。其中“安全技术知识”包括安全基本知识和安全技术基础知识两块。“实际操作技能”一般包括岗位专业操作技能和事故应急处置技能两方面。而随着新修订的《安全生产法》的实施，今后将增加安全心理方面的知识内容。

教学目标是通过以上内容的学习，受训学员应具备必要的安全生产知识、技能和事故应急处置能力，知悉自身在安全生产方面的权利和义务等。

十三、煤矿企业新职工“师带徒”培训有哪些要求和特点

煤矿企业新上岗的井下作业人员经安全培训合格后，应当在有经验的师傅带领下，实习满 4 个月，并取得工人师傅签名的实习合格证明后，方可独立工作。工人师傅一般应当具备中级工以上技能等级，3 年以上相应工作经历和未发生过违章指挥、违章作业等条件。

应该说，“师带徒”是煤矿职工培训的一种行之有效的，并被实践充分证明的特殊培训形式。通过师傅对徒弟的现场“传、帮、带”，而使徒弟能够在较短时间内胜任本职工作。同时，“师带徒”培训也是企业核心技术、技能传承和文化发扬的一条重要途径和手段。

十四、煤矿“其他从业人员”可不可以一人持多证上岗

按规定，煤矿“其他从业人员”必须经企业安全培训部门的安全技术培训并考核合格，取得安全培训合格证(明)后，方可上岗作业，未经培训并取得培训合格证明的，不得上岗作业。

实践中，很多企业出台专门的激励政策，要求职工做到“一专多能”，成为复合型技能人才，那么现场作业过程中必然会出现“一人多证”的情况。那么这种情况是否允许呢？现行的法律、法规并没有禁止一人多证的做法，只要按照有关规定参加培训，并经考核合格，取得培训合格证明即可上岗。其中，如果是新职工则要求有4个月的跟师实习期。这样看，煤矿“其他从业人员”一人多证是不违规的，是允许的，也符合企业发展需要，但如果地方政府主管部门有相关持证数量的专门规定，企业应遵照执行。

十五、企业应用新工艺、新技术、新材料、新设备前为什么必须对相关从业人员进行安全培训

首先，企业应用新工艺、新技术、新材料、新设备(简称“四新”)前对相关从业人员进行安全培训是相关法规要求的，必须规范组织。

其次，“四新”项目的推广应用本身都有相关培训安排，使用单位应对照要求及时组织人员参加，这样才能有效保证“四新”项目的有效实施。

最后，在煤矿井下这个特殊的作业环境中，“四新”的应用必然会产生很多新的安全知识点，包括设备、设施和工具等，作为具体应用人员必须了解和掌握。

综上所述，企业应用新工艺、新技术、新材料、新设备前对相关从业人员进行安全培训既重要又必要。

十六、有关安全资格培训的考试(取证)有哪些规定和注意事项

对煤矿普通职工来说，参加的这类培训和考试一般有“特种作业人员”和“其他从业人员”培训取证两种情况。考试分为理论考试和操作技能(实操)考试两部分。两部分考试均达到80分及以上，才能算本次取证培训考试合格，不合格的可以补考一次。一般理论考试合格后，才能参加实操考试。理论考试采用国家题库或地方题库(部分)，计算机考试，由系统实时、自动评分，考试时间一般为 90 min。实操考试采用相关国家或地方实操考试标准，现场实物或虚拟仿真考试，由系统或实操考评员实时现场评分，考试时间一般为每人 30 min。

此外，参加考试的人员必须先参加相关脱产安全培训，达到规定学时才能参加后续考试，并要填写考试申请表，由本人持身份证复印件、学历证书复印件、安全生产无违章证明等材料向考试机构提出申请。这些申请材料，实践中也可以由相关企业或培训机构统一提交给相关考试机构。

十七、煤矿“其他从业人员”的安全培训合格证(明)在其他煤矿能用吗

煤矿“其他从业人员”的安全培训合格证(明)在其他煤矿原则上不能用，因为：

① 不像特种作业人员操作证可以全国有效，目前没有相关法规或文件明确规定“其他从业人员”安全培训合格证(明)的有效适用范围。

② 安全培训合格证(明)是由企业或具备安全生产培训机构基本条件的机构，依据本省安全培训主管部门颁发的培训大纲和标准进行培训和考核的，从这方面来看，相关安全培训合格证(明)应该在相关省内企业有效，但实际上做不到，因为有的省份相关大纲和标准不健全。

③ 实践中，“其他从业人员”安全培训合格证(明)只能在职工所在企业被认可，超出了本企业范围，其他企业包括相关培训主管部门通常都不认可。

所以说，煤矿“其他从业人员”的安全培训合格证(明)目前在其他煤矿并不能通用。

十八、怎么看待自救器实操考试

自救器是煤矿职工入井时必须随身携带的自救装备，能够在特定情况下为人员提供一段时间的氧气。对于自救器的实操考试，培训学员有四个关键点必须注意：

① 实操考试时，因为紧张造成延时，而导致考试不通过应该属于正常情况，因为在紧急情况下使用自救器时都会紧张。

② 实操考试时，学员一是要会正确操作，就是使用要规范，方法和

步骤都不能错；二是要会熟练操作，就是佩戴要迅速，不要超时。平时的培训实操练习要围绕这两方面下功夫。

③ 虽然职工在参加培训时，自救器实操考试过关了，但区队平时组织的自救器演练，职工也要好好练，要珍惜每一次动手操作的机会。同时，相关自救器的使用演示视频还应经常去观摩学习，不断强化自身正确操作的意识。

④ 现场佩戴自救器时，要尽量保持良好的心态，要紧张有序，动作平缓，不能太急和慌乱，要牢记相关注意事项并严格按照要求去做。

十九、职工参加安全(资格)培训考核，成绩不合格怎么办

煤矿其他从业人员安全培训考试不合格的学员都会有一次补考机会。考试仍不合格的，相关部门不能颁发安全培训合格证(明)，需重新参加培训。

需要提醒的是，能否重新参加培训，前提是要看近期有没有举办合适的培训班。实践中往往要花时间等通知，这对单位和个人的工作都会造成不同程度的影响。另外，很多企业职工初训费用是由企业全部承担的，并且工资照发，但如果因考核不合格再去补训，职工个人是要承担部分费用的，包括工资也会受到影响。

二十、职工参加安全资格培训，一般需要多长时间

如果是特种作业人员，参加初次安全培训的时间不得少于 90 学时，实践中一般是脱产培训 12 天；参加延期换证专门培训不少于 24 学时，实践中一般是脱产培训 3 天。如果是其他从业人员(包括新入职职工)，参加初次安全培训的时间不得少于 72 学时，实践中一般是脱产培训 9 天，每年再培训的时间不得少于 20 学时，实践中一般是脱产培训 3 天。

二十一、煤矿职工安全培训的权利具体体现在哪些方面

职工参加安全培训的权利具体体现在：① 单位没有安排参加相关培训，有权拒绝入井工作；② 只要按照规定完成培训任务，有权取得培训期间的正常工资和其他待遇；③ 有权报销培训期间发生的各种费用；④ 有权拒绝配合单位或培训机构在各种假培训记录上签字；⑤ 有权查询和取得自己相关培训信息及证书；⑥ 有权向有关部门反映乱培训、假培训等违规培训情况。

二十二、煤矿职工安全培训的义务具体体现在哪些方面

职工参加安全培训的义务具体体现在：① 有义务按照单位通知要求，准时报到参加培训；② 有义务遵守各项培训及考试管理制度；③ 有义务在规定时间内提交符合要求的各种办证资料；④ 有义务配合企业和培训部门建立相关培训档案；⑤ 有义务做到先培训、后上岗和持证上岗；⑥ 有义务妥善保管各种安全培训证书等。

二十三、职工经过专门的安全培训和考试合格，但暂未取得相关安全培训合格证明或操作证书，可以上岗作业吗

不能上岗作业。因为法律法规明确要求，必须取得相关证书后才能上岗，并且要持证上岗。另外，上级部门检查安全培训时，现场主要查验证书情况，如果当事职工没有相关证书信息，肯定会被当成“三违”处理。对于新职工而言，他们即便是取得了安全培训合格证(明)，也还不能独立上岗，要求跟师实习 4 个月以上才能独立作业。以上这个情况，职工非常容易忽视，总认为自己培训过了，考试也过关了，就可以独立上岗作业，这里提醒注意，这种做法是违章行为。

二十四、职工参加安全培训实操考试，应注意哪些事项

第一，职工考试前要带齐准考证、身份证，只有人、证相符才能进入考场，参加考试。第二，煤矿其他从业人员实操考试通常依照实操考核科目依次进行，通常要考 2 个以上的科目。考核内容通常会安排必考科目和选考科目，如自救器和创伤急救科目会在其中选考一个科目，而各工种的设备安全使用或能力水平测评是必考科目。第三，要注意考核成绩和考试顺序。一般实操考核要先考自救器或创伤急救科目，再考必考科目。其中自救器或创伤急救科目 90 分及以上为合格，必考科目 80 分及以上为合格。如果自救器或创伤急救科目不合格，则不能参加后续的考试。第四，由于实操考试一般采用一对一考试方式，职工考试前一定要调整好心态，考试过程中也不要慌，不要与考评员发生冲突，只要训练充分一般都能通过考试。

二十五、职工在参加安全培训期间，应注意哪些事项

第一，职工参加安全培训通常都是单位安排，带薪学习，所以培训课堂也属于特殊的工作岗位，大家既要严格遵守培训纪律，又要休息好，还要尊敬老师，虚心学习，克服困难，努力完成学习任务。第二，培训期间要积极思考，善于把学习的知识与自己的岗位实际相结合，不要仅仅为了考试，为了取证。第三，要多与培训老师、周围学员交流学习，学不懂的内容可以随时请教，不要有任何面子思想，因为这样的学习机会往往不是太多。第四，要注意交通安全，毕竟培训学校的路况与以往上班不同。第五，要珍惜每一次培训机会，培训期间最好不要请假，除非有特殊情况。第六，要按培训要求填写个人信息资料和提交各种办证材料。

二十六、煤矿从业人员无证上岗作业会受到什么样的处罚

煤矿从业人员无证上岗是典型的“三违”行为。依照《安全生产法》第 107 条的规定，生产经营单位的从业人员不落实岗位安全责任，不服从管理，违反安全生产规章制度或者操作规程的，由生产经营单位给予批评教育，依照有关规章制度给予处分；构成犯罪的，依照刑法有关规定追究刑事责任。

第二节　安全发展理念与安全生产方针

一、安全发展理念

《安全生产法》规定：“安全生产工作应当以人为本，坚持人民至上、生命至上，把保护人民生命安全摆在首位，树牢安全发展理念”，正式将“以人为本和坚持安全发展”确定为我国安全发展理念。

以人为本，必须是以人的生命为本。安全发展强调以人为本，首先是以人的生命和健康为本，保护人的生命安全与健康，在确保广大人民群众生命安全与健康以及财产安全的前提下实现又好又快发展。以人为本是党的根本宗旨和执政理念，保障人民群众安全是社会的共同责任，是社会进步的必要条件。

坚持安全发展，其核心体现了发展为了人民。在生产中获得安全保障，是劳动者的基本权利，也是保持社会和谐与稳定的必然要求。无论在任何时候、任何情况下，都要把维护广大人民群众的生命权和健康权放在首位，把安全生产工作纳入各级党组织的重要工作议事日程、各级政府经济与社会发展总体规划和企业的长远发展规划之中，同步规划、同步部署、同步实施、同步考核和同步推进。

安全发展体现了党的“立党为公、执政为民”的执政理念，反映了科学发展观以人为本的本质特征。高度重视和切实抓好安全生产工作，是坚持“立党为公、执政为民”的必然要求，是贯彻落实科学发展观的必然要求，是实现好、维护好、发展好最广大人民群众根本利益的必然要求，也是构建社会主义和谐社会的必然要求。实现安全发展必须高度重视和切实抓好安全生产工作，实现安全形势彻底好转。正确把握安全发展的科学内涵，对安全生产工作具有十分积极、前瞻、深远的战略作用。

“以人为本，坚持安全发展”重点包含三层含义：

(1) 必须以人的生命为本。人的生命最宝贵，生命安全权益是最大的权益。发展决不能以牺牲人的生命为代价，这是一条不可逾越的红线。

(2) 经济社会持续健康发展必须以安全为基础、前提和保障。国民经济和区域经济、各个行业和领域、各类生产经营单位的持续健康发展，要建立在安全保障能力不断增强、安全生产状况持续改善、劳动者生命安全和身体健康得到切实保障的基础上，做到安全生产与经济社会持续健康发展各项工作同步规划、同步部署、同步推进，实现可持续健康发展。

(3) 构建社会主义和谐社会必须解决安全生产问题。安全生产既是人民群众关注的热点、难点，也是和谐社会建设的切入点、着力点。只有搞好安全生产，实现安全发展，国家才能富强安宁，百姓才能平安幸福，社会才能和谐安定。

对生产经营单位来讲，坚持安全发展是落实科学发展观，实现科学、持续、有效、较快和协调发展的必然要求和重要保证，是履行经济、政治和社会责任的重要体现，是增强市场竞争力的重要基础。

坚持安全发展，就是最大限度地提高发展效益，降低发展风险，实现社会又好又快地发展。实现安全发展的根本和落脚点是认真、切实地贯彻落实好安全生产法律法规、制度和措施。

二、安全生产方针

“安全第一、预防为主、综合治理”是我国安全生产的基本方针。安全生产方针是过去经验、教训的总结，是指导安全生产的根本。它高度概括了当前我国安全生产的核心理念、基本原则和方法以及安全管理的综合措施，是安全生产工作的方向和指针，对于指导安全生产工作有着十分重要的意义。

在生产经营一线的作业人员，必须认真学习、深刻领会安全生产方针的含义，并在本职工作中自觉地遵守和执行，牢固树立安全生产意识。

1. 安全第一

“安全第一”是我国安全生产工作的核心理念，它要求我们在生产经营过程中始终把安全放在第一位，真正做到“不伤害自己、不伤害他人、不被他人伤害、保护他人不受伤害”，切实保护自身和他人的生命安全与身体健康。

作业人员贯彻执行“安全第一”方针，必须牢固树立以下四种意识：

(1)“生命至上、安全第一”意识。安全为天，生命至上，安全是首要条件、先决条件，没有安全一切都无从谈起。当安全与生产、安全与效益、安全与进度相冲突时，必须首先保证安全，即生产必须安全，先安全后生产，不安全不能生产。作业人员不仅要珍惜自己的生命，还要珍惜他人的生命，思想上从“要我安全”向“我要安全”转变，真正把安全放在首位，坚决抵制安全生产“说起来重要、做起来次要、忙起来不要”的行为和现象。

(2)安全生产法律意识。《安全生产法》规定，生产经营单位的从业人员有依法获得安全生产保障的权利，并应当依法履行安全生产方面的义务。由此可见，安全生产是法定的权利和义务。作业人员违反安全生产相关法律法规，造成重大责任事故，同样需要承担包括刑事责任在内的法律责任。所以，作业人员必须牢固树立安全生产的法律意识，了解安全生产相关法律法规、安全规程及技术标准，严格遵守相关作业规定。

(3) 安全生产责任意识。安全生产，人人有责。安全责任是安全生产方针及相关法律法规要求在工作岗位上的落实和体现。作业人员践行安全生产方针，必须从自身做起，从岗位做起，切实履行安全职责，信守安全承诺，树立“我的安全我负责，他人安全我有责，企业安全我尽责”的责任观念，把安全生产落到实处。

(4) 安全生产纪律意识。企业为维持正常的生产秩序，会根据安全生产相关法律法规制定劳动纪律和制度，劳动纪律和制度是保障企业安全生产的重要手段。执行制度不力、纪律松弛会严重威胁正常生产和作业人员的生命安全，危害极大。作业人员要严格遵守劳动纪律及相关制度，增强劳动纪律观念，养成遵章守纪、规范作业的良好习惯。

2. 预防为主

“预防为主”是做好安全生产工作的基本原则和方法，它要求我们要把安全生产的重心前移，防治结合，以防为主，从事故发生的源头入手，防患于未然，杜绝违章，把事故隐患消灭在萌芽状态。作业人员贯彻执行“预防为主”方针，需要做好以下工作：

(1) 确立“一切事故皆可预防，皆可避免”的安全观念。著名的海因里希安全法则告诉我们：每 1 起严重伤害事故的背后，必有 29 起轻微伤害事故；29 起轻微伤害事故的背后，必有 300 次未遂事件先兆；300 次未遂事件先兆的背后，必有 1 000 个事故隐患，即人的不安全行为、物的不安全状态和环境的不良因素。任何一起事故的发生都是有原因的，并且是有征兆的。如果能够从预防着手，把不安全的因素消灭在萌芽状态，消除或者控制事故隐患，就可以有效预防或避免生产安全事故的发生，实现“零事故、零伤亡”。相反，如果对潜在事故隐患毫无觉察，对轻微事故熟视无睹、麻木不仁，必将导致无法挽回的重大伤害或损失，甚至付出生命的代价。

(2) 掌握风险预知预控的方法。风险预知，是指预先知道生产或作业过程中的危险性或存在的安全风险，进而采取措施，控制危险，保障安全。作业人员落实“预防为主”的方针，就必须在作业前对所开展的作业项目、任务、可能发生的风险、引发的事故类型、可能造成的伤害等进行仔细预想，列出防范对策和措施，并加以落实，防患于未然，以此来提高知险、识险、排险能力和自我保护能力。

(3) 认真做好日常的隐患排查治理工作。“预防为主”的方针落实到工作上，便是日常的隐患排查治理。作业人员应当按照企业的规定和要求，在班前、班中和班后对作业环境、生产工艺过程、设备运行状况、安全装置、个人劳动防护用品等进行日常检查，发现问题和隐患，积极进行自主改善，或及时上报、处理。

3. 综合治理

“综合治理”是安全管理工作的重要措施。从安全监管层面来讲，“综合治理”是指综合运用经济、法律、行政等手段，人管、法治、技防多管齐下，并充分发挥社会、作业人员、舆论的监督作用，实现安全生产的齐抓共管；从企业层面来讲，“综合治理”是指充分调动各部门、各级人员积极性，采取多种措施和方法，群策群力，群防群控，共同抓好安全生产工作。

作业人员贯彻落实“综合治理”方针，需要做好以下几点：

(1) 服从并积极配合企业开展安全管理。安全生产，人人有责，作业人员应遵守安全管理相关制度和规范，按章作业、规范作业、标准化作业，使自己成为“综合治理”的重要环节、防范事故发生的重要屏障。

(2) 认真参加安全生产知识教育培训。作业人员要经常接受和参加与安全生产相关的教育和培训，熟练掌握应知应会的安全知识，提高安全技能，不仅做到“我要安全”，还要做到“我懂安全”。

(3) 积极参加各类安全活动。作业人员要积极参加企业、区队、班组组织的各类安全宣传教育活动，在活动中主动学习，从思想上筑牢安全防线，提高安全业务技能、安全综合素质和安全作业的自觉性。

第三节　煤矿安全生产相关法律法规

在我国，以《安全生产法》为龙头，以相关法律、行政法规、部门规章、地方性法规、地方性规章和其他规范性文件以及安全生产国家标准、行业标准为主体的安全生产法律法规体系已经初步形成，而且还在不断健全和完善，促进了安全生产管理工作的规范化、制度化和科学化。煤矿安全生产相关法律法规见表1-1。

表1-1　煤矿安全生产相关法律法规

序号	名称		制定机关	主要法律法规
1	法律		全国人民代表大会及其常务委员会	《刑法》《安全生产法》《矿山安全法》《矿产资源法》《煤炭法》《职业病防治法》《劳动法》《劳动合同法》等
2	法规	行政法规	国务院	《煤矿安全生产条例》《安全生产许可证条例》《工伤保险条例》《矿山安全法实施条例》《国务院关于特大安全事故行政责任追究的规定》《生产安全事故报告和调查处理条例》《企业职工伤亡事故报告和处理规定》等
		地方性法规	地方人民代表大会及其常务委员会	《××省安全生产条例》等
3	规章	行政规章	国务院所属部委	《煤矿安全规程》《矿山救护规程》《爆破安全规程》《安全生产事故隐患排查治理暂行规定》《生产经营单位安全培训规定》《煤矿安全培训规定》《特种作业人员安全技术培训考核管理规定》《煤矿企业安全生产许可证实施办法》《煤矿安全生产基本条件规定》《安全生产违法行为行政处罚办法》等
		地方性规章	地方政府所属部门	《××省煤矿水害防治工作若干规定(试行)》《××省煤炭经营监督管理实施细则》等

表 1-1(续)

序号	名称		制定机关	主要法律法规
4	标准	国家标准(GB)	国务院标准化行政主管部门	《安全色》(GB 2893—2008)、《安全标志及其使用导则》(GB 2894—2008)、《矿山安全标志》(GB/T 14161—2008)等
		行业标准(AQ、MT 等)	国务院有关行政主管部门	《煤矿井工开采通风技术条件》(AQ 1028—2006)、《煤矿井下安全标志》(AQ 1017—2005)等
5	规范性文件			《关于加强煤矿班组安全生产建设的指导意见》《关于加强国有重点煤矿安全基础管理的指导意见》等

一、安全生产法律

1.《安全生产法》

《安全生产法》是为了加强安全生产工作,防止和减少生产安全事故,保障人民群众生命和财产安全,促进经济社会持续健康发展而制定的,自 2002 年 11 月 1 日起施行。根据 2021 年 6 月 10 日第十三届全国人民代表大会常务委员会第二十九次会议通过的《关于修改〈中华人民共和国安全生产法〉的决定》第三次修正,自 2021 年 9 月 1 日起施行。内容包括总则、生产经营单位的安全生产保障、从业人员的安全生产权利义务、安全生产的监督管理、生产安全事故的应急救援与调查处理、法律责任和附则等。

《安全生产法》是我国第一部规范安全生产的综合性法律。该法与从业人员相关的规定如下:

(1) 生产经营单位应当对从业人员进行安全生产教育和培训,保证从业人员具备必要的安全生产知识,熟悉有关的安全生产规章制度和安全操作规程，掌握本岗位的安全操作技能，了解事故应急处理措施，知悉自身在安全生产方面的权利和义务。未经安全生产教育和培训合格的从业人员，不得上岗作业。

(2) 生产经营单位使用被派遣劳动者的，应当将被派遣劳动者纳入本单位从业人员统一管理，对被派遣劳动者进行岗位安全操作规程和安全操作技能的教育和培训。劳务派遣单位应当对被派遣劳动者进行必要的安全生产教育和培训。

(3) 生产经营单位采用新工艺、新技术、新材料或者使用新设备，必须了解、掌握其安全技术特性，采取有效的安全防护措施，并对从业人员进行专门的安全生产教育和培训。

(4) 生产经营单位对重大危险源应当登记建档，进行定期检测、评估、监控，并制定应急预案，告知从业人员和相关人员在紧急情况下应当采取的应急措施。

(5) 生产、经营、储存、使用危险物品的车间、商店、仓库不得与员工宿舍在同一座建筑物内，并应当与员工宿舍保持安全距离。生产经营场所和员工宿舍应当设有符合紧急疏散要求、标志明显、保持畅通的出口。禁止锁闭、封堵生产经营场所或者员工宿舍的出口。

(6) 生产经营单位必须为从业人员提供符合国家标准或者行业标准的劳动防护用品，并监督、教育从业人员按照使用规则佩戴、使用。

2.《劳动法》

《劳动法》是为了保护劳动者的合法权益，调整劳动关系，建立和维护适应社会主义市场经济的劳动制度，促进经济发展和社会进步而制定的，自 1995 年 1 月 1 日起施行。根据 2018 年 12 月 29 日第十三届全国人民代表大会常务委员会第七次会议通过的《关于修改〈中华人民共和国劳动法〉等七部法律的决定》第二次修正。

《劳动法》规定了劳动者享有的基本权利和义务。劳动者应当完成劳动任务，提高职业技能，执行劳动安全卫生规程，遵守劳动纪律和职业道德。

该法的相关规定如下：

(1) 劳动者享有平等就业和选择职业的权利、取得劳动报酬的权利、休息休假的权利、获得劳动安全卫生保护的权利、接受职业技能培训的权利、享受社会保险和福利的权利、提请劳动争议处理的权利以及法律规定的其他劳动权利。

（2）劳动合同是劳动者与用人单位确立劳动关系、明确双方权利和义务的协议。建立劳动关系应当订立劳动合同。

（3）订立和变更劳动合同，应当遵循平等自愿、协商一致的原则，不得违反法律、行政法规的规定。劳动合同依法订立即具有法律约束力，当事人必须履行劳动合同规定的义务。

（4）用人单位必须建立、健全劳动安全卫生制度，严格执行国家劳动安全卫生规程和标准，对劳动者进行劳动安全卫生教育，防止劳动过程中的事故，减少职业危害。

（5）用人单位必须为劳动者提供符合国家规定的劳动安全卫生条件和必要的劳动防护用品，对从事有职业危害作业的劳动者应当定期进行健康检查。

（6）劳动者在劳动过程中必须严格遵守安全操作规程。劳动者对用人单位管理人员违章指挥、强令冒险作业，有权拒绝执行；对危害生命安全和身体健康的行为，有权提出批评、检举和控告。

（7）禁止安排女职工从事矿山井下、国家规定的第四级体力劳动强度的劳动和其他禁忌从事的劳动。

（8）不得安排未成年工从事矿山井下、有毒有害、国家规定的第四级体力劳动强度的劳动和其他禁忌从事的劳动。

（9）国家实行劳动者每日工作时间不超过 8 小时、平均每周工作时间不超过 44 小时的工时制度。用人单位应当保证劳动者每周至少休息一日。劳动者连续工作一年以上的，享受带薪年休假。用人单位与劳动者发生劳动争议，当事人可以依法申请调解、仲裁、提起诉讼，也可以协商解决。

（10）休息日安排劳动者工作又不能安排补休的，支付不低于工资的 200%的工资报酬。

（11）禁止用人单位招用未满 16 周岁的未成年人。

3.《劳动合同法》

《劳动合同法》是为了完善劳动合同制度，明确劳动合同双方当事人的权利和义务，保护劳动者的合法权益，构建和发展和谐稳定的劳动关系而制定的，自 2008 年 1 月 1 日起施行。该法修正案于 2012 年 12 月 28 日第十一届全国人民代表大会常务委员会第三十次会议通过，自 2013 年 7 月 1 日起施行。

《劳动合同法》规定，订立劳动合同，应当遵循合法、公平、平等自愿、协商一致、诚实信用的原则。用人单位招用劳动者时，应当如实告知劳动者工作内容、工作条件、工作地点、职业危害、安全生产状况、劳动报酬，以及劳动者要求了解的其他情况；用人单位有权了解劳动者与劳动合同直接相关的基本情况，劳动者应当如实说明。

劳动合同应当具备以下条款：① 用人单位的名称、住所和法定代表人或者主要负责人；② 劳动者的姓名、住址和居民身份证或者其他有效身份证件号码；③ 劳动合同期限；④ 工作内容和工作地点；⑤ 工作时间和休息休假；⑥ 劳动报酬；⑦ 社会保险；⑧ 劳动保护、劳动条件和职业危害防护；⑨ 法律、法规规定应当纳入劳动合同的其他事项。

劳动合同期限 3 个月以上不满 1 年的，试用期不得超过 1 个月；劳动合同期限 1 年以上不满 3 年的，试用期不得超过 2 个月；3 年以上固定期限和无固定期限的劳动合同，试用期不得超过 6 个月。劳动者在试用期的工资不得低于本单位相同岗位最低档工资或者劳动合同约定工资的百分之八十，并不得低于用人单位所在地的最低工资标准。

劳动者拒绝用人单位管理人员违章指挥、强令冒险作业的不视为违反劳动合同。

4.《刑法修正案(十一)》

《刑法》是规定犯罪、刑事责任和刑罚的法律，是追究安全生产违法犯罪行为刑事责任的重要依据。

2020 年 12 月 26 日第十三届全国人民代表大会常务委员会第二十四次会议通过《刑法修正案(十一)》，自 2021 年 3 月 1 日起施行。其中涉及安全生产的主要内容如下：

(1) 强令他人违章冒险作业，或者明知存在重大事故隐患而不排除，仍冒险组织作业，因而发生重大伤亡事故或者造成其他严重后果的，处五年以下有期徒刑或者拘役；情节特别恶劣的，处五年以上有期徒刑。

（2）在生产、作业中违反有关安全管理的规定，有下列情形之一，具有发生重大伤亡事故或者其他严重后果的现实危险的，处一年以下有期徒刑、拘役或者管制：

① 关闭、破坏直接关系生产安全的监控、报警、防护、救生设备、设施，或者篡改、隐瞒、销毁其相关数据、信息的；

② 因存在重大事故隐患被依法责令停产停业、停止施工、停止使用有关设备、设施、场所或者立即采取排除危险的整改措施，而拒不执行的；

③ 涉及安全生产的事项未经依法批准或者许可，擅自从事矿山开采、金属冶炼、建筑施工，以及危险物品生产、经营、储存等高度危险的生产作业活动的。

5.《职业病防治法》

《职业病防治法》是为了预防、控制和消除职业病危害，防治职业病，保护劳动者健康及其相关权益，促进经济发展而制定的，自 2002 年 5 月 1 日起施行。根据 2018 年 12 月 29 日第十三届全国人民代表大会常务委员会第七次会议通过的《关于修改〈中华人民共和国劳动法〉等七部法律的决定》第四次修正。

《职业病防治法》规定，职业病防治工作坚持预防为主、防治结合的方针，建立用人单位负责、行政机关监管、行业自律、职工参与和社会监管的机制，实行分类管理、综合治理。劳动者依法享有职业卫生保护的权利。

该法所称职业病，是指企业、事业单位和个体经济组织等用人单位的劳动者在职业活动中，因接触粉尘、放射性物质和其他有毒、有害因素而引起的疾病。

6.《煤炭法》

《煤炭法》于 1996 年 8 月 29 日第八届全国人民代表大会常务委员会第二十一次会议通过，自 1996 年 12 月 1 日起施行。2016 年 11 月 7

日对该法进行了第四次修正，自修正之日起施行。《煤炭法》在劳动者职业健康保护方面的相关规定有：

(1) 煤矿企业必须坚持安全第一、预防为主的安全生产方针，建立健全安全生产的责任制度和群防群治制度。

(2) 各级人民政府及其有关部门和煤矿企业必须采取措施加强劳动保护，保障煤矿职工的安全和健康。国家对煤矿井下作业的职工采取特殊保护措施。

(3) 煤矿企业应当对职工进行安全生产教育、培训；未经安全生产教育、培训的，不得上岗作业。煤矿企业职工必须遵守有关安全生产的法律、法规、煤炭行业规章、规程和企业规章制度。

(4) 在煤矿井下作业中，出现危及职工生命安全并无法排除的紧急情况时，作业现场负责人或者安全管理人员应当立即组织职工撤离危险现场，并及时报告有关方面负责人。

(5) 煤矿企业必须为职工提供保障安全生产所需的劳动保护用品。

(6) 煤矿企业应当依法为职工参加工伤保险缴纳工伤保险费。鼓励企业为井下作业职工办理意外伤害保险，支付保险费。

7.《矿山安全法》

《矿山安全法》是为了保障矿山生产安全，防止矿山事故，保护矿山职工人身安全，促进采矿业的发展而制定的，于1992年11月7日第七届全国人民代表大会常务委员会第二十八次会议通过，自1993年5月1日起施行。2009年8月27日对该法进行了修正，自公布之日起施行。

该法的相关规定如下：

(1) 矿山企业必须具有保障安全生产的设施，建立、健全安全管理制度，采取有效措施改善职工劳动条件，加强矿山安全管理工作，保证安全生产。

(2) 每个矿井必须有两个以上能行人的安全出口，出口之间的直线水平距离必须符合矿山安全规程和行业技术规范。

(3) 矿山企业必须对机电设备及其防护装置、安全检测仪器，定期检查、维修，保证使用安全。

(4) 矿山企业必须对作业场所中的有毒有害物质和井下空气含氧量进行检测，保证符合安全要求。

(5) 矿山企业职工必须遵守有关矿山安全的法律、法规和企业规章制度。矿山企业职工有权对危害安全的行为，提出批评、检举和控告。

(6) 矿山企业必须对职工进行安全教育、培训；未经安全教育、培训的，不得上岗作业。矿山企业安全生产的特种作业人员必须接受专门培训，经考核合格取得操作资格证书的，方可上岗作业。

二、行政法规及国务院安全生产相关文件

1.《中共中央办公厅 国务院办公厅关于进一步加强矿山安全生产工作的意见》

矿山安全生产事关人民群众生命财产安全，事关经济发展和社会稳定大局，是安全生产的重中之重。为深入贯彻党的二十大精神，进一步加强矿山安全生产工作，国家发布了《中共中央办公厅 国务院办公厅关于进一步加强矿山安全生产工作的意见》(以下简称《意见》)。

《意见》就煤矿从业人员安全做了如下规定：

(1) 加快矿山升级改造。推动中小型矿山机械化升级改造和大型矿山自动化、智能化升级改造，加快灾害严重、高海拔等矿山智能化建设，打造一批自动化、智能化标杆矿山。地下矿山应当建立人员定位、安全监测监控、通信联络、压风自救和供水施救等系统。

(2) 健全矿山安全管理体系。矿山企业应当健全以安全风险分级管控和隐患排查治理双重预防机制为核心的安全生产标准化管理体系。严格开展风险辨识评估并实施分级管控，定期开展全员全覆盖隐患排查治理，建立风险隐患台账清单，实行闭环管理。

(3) 提升风险监测预警处置能力。地下矿山应当建立应急广播等通信系统，确保应急指令能第一时间传达至影响范围内所有人员。强化灾害性天气预警预报，遇极端天气严禁人员入井。

(4) 强化安全基础管理。矿山企业应当建立健全并落实全员安全生产岗位责任制和安全生产管理制度。未经安全培训合格的从业人员

不得上岗作业。首次取证的地下矿山特种作业人员应当具有高中以上文化程度。严格井下劳动定员管理，不得超定员安排人员下井作业，提高井下艰苦岗位津贴。取消井下劳务派遣用工，矿山企业或承包单位对欠薪应依法承担清偿责任。

2.《煤矿安全生产条例》

为了加强煤矿安全生产工作，防止和减少煤矿生产安全事故，保障人民群众生命财产安全，2023 年 12 月 18 日国务院第 21 次常务会议通过了《煤矿安全生产条例》，自 2024 年 5 月 1 日起施行。

《煤矿安全生产条例》就煤矿安全生产做了以下相关规定：

(1) 煤矿企业应当履行安全生产主体责任，加强安全生产管理，建立健全并落实全员安全生产责任制和安全生产规章制度，加大对安全生产资金、物资、技术、人员的投入保障力度，改善安全生产条件，加强安全生产标准化、信息化建设，构建安全风险分级管控和隐患排查治理双重预防机制，健全风险防范化解机制，提高安全生产水平，确保安全生产。

煤矿企业主要负责人(含实际控制人，下同)是本企业安全生产第一责任人，对本企业安全生产工作全面负责。其他负责人对职责范围内的安全生产工作负责。

(2) 煤矿企业从业人员有依法获得安全生产保障的权利，并应当依法履行安全生产方面的义务。

(3) 煤矿企业从业人员负有下列安全生产职责：

① 遵守煤矿企业安全生产规章制度和作业规程、操作规程，严格落实岗位安全责任；

② 参加安全生产教育和培训，掌握本职工作所需的安全生产知识，提高安全生产技能，增强事故预防和应急处理能力；

③ 及时报告发现的事故隐患或者其他不安全因素。

对违章指挥和强令冒险作业的行为，煤矿企业从业人员有权拒绝并向县级以上地方人民政府负有煤矿安全生产监督管理职责的部门、所在地矿山安全监察机构报告。

煤矿企业不得因从业人员拒绝违章指挥或者强令冒险作业而降低

其工资、福利等待遇，无正当理由调整工作岗位，或者解除与其订立的劳动合同。

(4) 煤矿企业主要负责人和安全生产管理人员应当通过安全生产知识和管理能力考核，并持续保持相应水平和能力。

煤矿企业从业人员经安全生产教育和培训合格，方可上岗作业。煤矿企业特种作业人员应当按照国家有关规定经专门的安全技术培训和考核合格，并取得相应资格。

(5) 煤矿企业应当为从业人员提供符合国家标准或者行业标准的劳动防护用品，并监督、教育从业人员按照使用规则佩戴、使用。

煤矿井下作业人员实行安全限员制度。煤矿企业应当依法制定井下工作时间管理制度。煤矿井下工作岗位不得使用劳务派遣用工。

(6) 煤矿的采煤、掘进、机电、运输、通风、排水、排土等主要生产系统和防瓦斯、防煤(岩)与瓦斯(二氧化碳)突出、防冲击地压、防火、防治水、防尘、防热害、防滑坡、监控与通讯等安全设施，应当符合煤矿安全规程和国家标准或者行业标准规定的管理和技术要求。

煤矿企业及其有关人员不得关闭、破坏直接关系生产安全的监控、报警、防护、救生设备、设施，或者篡改、隐瞒、销毁其相关数据、信息，不得以任何方式影响其正常使用。

3.《生产安全事故报告和调查处理条例》

《生产安全事故报告和调查处理条例》是为了规范生产安全事故的报告和调查处理，落实生产安全事故责任追究制度，防止和减少生产安全事故而制定的，自 2007 年 6 月 1 日起施行。

该条例将事故划分为特别重大事故、重大事故、较大事故和一般事故 4 个等级。

(1) 特别重大事故，是指造成 30 人以上死亡，或者 100 人以上重伤(包括急性工业中毒，下同)，或者 1 亿元以上直接经济损失的事故。

(2) 重大事故，是指造成 10 人以上 30 人以下死亡，或者 50 人以上 100 人以下重伤，或者 5 000 万元以上 1 亿元以下直接经济损失的事故。

(3) 较大事故，是指造成 3 人以上 10 人以下死亡，或者 10 人以上

50 人以下重伤，或者 1 000 万元以上 5 000 万元以下直接经济损失的事故。

（4）一般事故，是指造成 3 人以下死亡，或者 10 人以下重伤，或者 1 000 万元以下直接经济损失的事故。

注："以上"包括本数，"以下"不包括本数。

事故报告应当及时、准确、完整，任何单位和个人对事故不得迟报、漏报、谎报或者瞒报。事故发生后，事故现场有关人员应当立即向本单位负责人报告；单位负责人接到报告后，应当于 1 小时内向事故发生地县级以上人民政府安全生产监督管理部门和负有安全生产监督管理职责的有关部门报告。

4.《工伤保险条例》

《工伤保险条例》是为了保障因工作遭受事故伤害或者患职业病的职工获得医疗救治和经济补偿，促进工伤预防和职业康复，分散用人单位的工伤风险而制定的，自 2004 年 1 月 1 日起施行。2010 年 12 月 20 日进行了修订，自 2011 年 1 月 1 日起施行。

《工伤保险条例》主要内容包括总则、工伤保险基金、工伤认定、劳动能力鉴定、工伤保险待遇、监督管理、法律责任等。

该条例规定用人单位应当按时缴纳工伤保险费，职工个人不缴纳工伤保险费；职工因工作遭受事故伤害或者患职业病进行治疗，享受工伤医疗待遇；职工因工作遭受事故伤害或者患职业病需要暂停工作接受工伤医疗的，在停工留薪期内，原工资福利待遇不变，由所在单位按月支付；生活不能自理的工伤职工在停工留薪期需要护理的，由所在单位负责。

职工有下列情形之一的，应当认定为工伤：

① 在工作时间和工作场所内，因工作原因受到事故伤害的；

② 工作时间前后在工作场所内，从事与工作有关的预备性或者收尾性工作受到事故伤害的；

③ 在工作时间和工作场所内，因履行工作职责受到暴力等意外伤害的；

④ 患职业病的；

⑤ 因工外出期间，由于工作原因受到伤害或者发生事故下落不明的；

⑥ 在上下班途中，受到非本人主要责任的交通事故或者城市轨道交通、客运轮渡、火车事故伤害的；

⑦ 法律、行政法规规定应当认定为工伤的其他情形。

职工有下列情形之一的，不得认定为工伤或者视同工伤：

① 故意犯罪的；

② 醉酒或者吸毒的；

③ 自残或者自杀的。

5.《国务院关于进一步加强企业安全生产工作的通知》

国务院以国发〔2010〕23号文件下发了《国务院关于进一步加强企业安全生产工作的通知》。其总体要求是：坚持“安全第一、预防为主、综合治理”的方针，全面加强企业安全管理，健全规章制度，完善安全标准，提高企业技术水平，夯实安全生产基础；坚持依法依规生产经营，切实加强安全监管，强化企业安全生产主体责任落实和责任追究，促进我国安全生产形势实现根本好转。

企业要加强对生产现场监督检查，严格查处违章指挥、违章作业、违反劳动纪律的“三违”行为。凡超能力、超强度、超定员组织生产的，要责令停产停工整顿。要经常性开展安全隐患排查，并切实做到整改措施、责任、资金、时限和预案“五到位”。主要负责人和领导班子成员要轮流现场带班。煤矿、非煤矿山要有矿领导带班并与工人同时下井、同时升井。

煤矿要安装安全避险“六大系统”等技术装备；企业要建立完善安全生产动态监控及预警预报体系，每月进行一次安全生产风险分析；要提高工伤事故死亡职工一次性赔偿标准，依照《工伤保险条例》的规定，对因生产安全事故造成的职工死亡，其一次性工亡补助金标准调整为按全国上一年度城镇居民人均可支配收入的20倍计算，发放给工亡职工近亲属。

6.《关于防范遏制矿山领域重特大生产安全事故的硬措施》

为坚决防范遏制矿山领域重特大生产安全事故，针对当前矿山安全存在的突出问题，国务院安全生产委员会于 2024 年 1 月 16 日印发了《关于防范遏制矿山领域重特大生产安全事故的硬措施》(以下简称《硬措施》)。《硬措施》出台的意义如下：

首先，《硬措施》是贯彻落实习近平总书记关于安全生产重要论述的迫切需要。《硬措施》是安全发展理念、“两个至上”、红线意识的细化、深化、具体化，必须坚决守住守牢。其次，《硬措施》是实现高质量发展和高水平安全良性互动的迫切需要。《硬措施》完整、准确、全面贯彻新发展理念，为托住矿山安全生产之底、稳控当前形势提供强力支撑。第三，《硬措施》是推动矿山安全治理模式向事前预防转型的现实需要。《硬措施》突出“防”字，聚焦矿山安全生产“一件事”全链条全方位压实责任，着力推动矿山安全治理模式向事前预防转型。第四，《硬措施》是扭转当前矿山领域重特大事故多发势头的现实需要。《硬措施》从“八个方面”回答了防范遏制矿山领域重特大生产安全事故要做什么、怎么做、不做怎么办，为扭转当前被动局面指明方向、提供路径、明确方法。

《硬措施》共提出了 8 个方面的具体措施：① 一体压实各级矿山安全生产责任；② 切实提高风险隐患排查整改质量；③ 重拳出击“打非治违”；④ 强化重大灾害治理；⑤ 大力提升从业人员素质；⑥ 严格项目审批和安全生产许可；⑦ 强化矿山安全国家监察督政；⑧ 严格事故调查和警示教育。

《硬措施》规定：① 从业人员必须熟知各类灾害避灾路线、地面建筑场所的安全疏散通道和自救逃生方法；不熟悉避灾逃生路线，或者不能熟练使用自救器等紧急自救装备的，不得安排上岗作业。② 加大典型事故案例媒体曝光力度，警醒各地、各部门、各矿山企业深刻汲取教训，切实做到“一方出事故、多方受教育，一地有隐患、全国受警示”，形成齐抓共管的良好氛围。

三、安全生产规章、细则、行业标准

1.《煤矿安全规程》

《应急管理部关于修改〈煤矿安全规程〉的决定》已经 2021 年 8 月 17 日应急管理部第 27 次部务会议审议通过，自 2022 年 4 月 1 日起施行。《煤矿安全规程》是煤矿企业必须遵守的法定规程，制定目的是保障煤矿安全生产和从业人员的人身安全与健康，防止煤矿事故与职业病危害。

《煤矿安全规程》主要内容包括：总则、地质保障、井工煤矿、露天煤矿、职业病危害防治、应急救援、附则和附录等。

《煤矿安全规程》中的每一项条款都是一起起事故经验的总结。条条规程血染成，不要用血再验证，不能让事故一而再、再而三地重演。因此，应通过加深对《煤矿安全规程》的学习和理解，来增强关注安全、关爱生命的责任感，提高遵章指挥、遵章作业、遵守劳动纪律的自觉性，实现矿井本质安全。

《煤矿安全规程》相关规定如下：

(1) 从事煤炭生产与煤矿建设的企业(以下统称煤矿企业)必须遵守国家有关安全生产的法律、法规、规章、规程、标准和技术规范。

(2) 煤矿企业必须加强安全生产管理，建立健全各级负责人、各部门、各岗位安全生产与职业病危害防治责任制。

(3) 煤矿企业必须建立健全安全生产与职业病危害防治目标管理、投入、奖惩、技术措施审批、培训、办公会议制度，安全检查制度，安全风险分级管控工作制度，事故隐患排查、治理、报告制度，事故报告与责任追究制度等。

(4) 煤矿企业必须制定重要设备材料的查验制度，做好检查验收和记录，防爆、阻燃抗静电、保护等安全性能不合格的不得入井使用。

(5) 煤矿企业必须建立各种设备、设施检查维修制度，定期进行检查维修，并做好记录。

煤矿必须制定本单位的作业规程和操作规程。

(6) 从业人员有权制止违章作业，拒绝违章指挥；当工作地点出现险情时，有权立即停止作业，撤到安全地点；当险情没有得到处理不能保证人身安全时，有权拒绝作业。

(7) 从业人员必须遵守煤矿安全生产规章制度、作业规程和操作规程，严禁违章指挥、违章作业。

2.《防治煤与瓦斯突出细则》

为了加强防治煤(岩)与瓦斯(二氧化碳)突出工作,预防煤矿事故,保障从业人员生命安全,国家煤矿安全监察局于 2019 年 7 月 16 日颁布了《防治煤与瓦斯突出细则》,自 2019 年 10 月 1 日起施行。

《防治煤与瓦斯突出细则》主要内容包括:总则、一般规定、区域综合防突措施、局部综合防突措施、防治岩石与二氧化碳(瓦斯)突出措施和附则。

煤与瓦斯突出矿井的所有管理人员以及作业人员都必须认真学习《防治煤与瓦斯突出细则》,只有这样才能实现防突工作过程管理标准化与规范化,从而达到突出煤层消灭瓦斯突出动力现象、突出矿井全面消灭突出事故的高标准防突目标。

《防治煤与瓦斯突出细则》相关规定如下:

(1) 突出矿井的管理人员和井下工作人员必须接受防突知识的培训,经考试合格后方可上岗作业。

(2) 各类人员的培训达到下列要求:

① 突出矿井的井下工作人员的培训包括防突基本知识以及与本岗位相关的防突规章制度。

② 突出矿井的区(队)长、班组长和有关职能部门的工作人员应当全面熟悉两个"四位一体"综合防突措施、防突的规章制度等内容。

③ 突出矿井的防突工属于特种作业人员,必须接受防突知识、操作技能的专门培训,并取得特种作业操作证。

④ 有突出矿井的煤矿企业技术负责人和突出矿井的矿长、总工程师应当接受防突专项培训,具备突出矿井的安全生产知识和管理能力。

(3) 突出矿井的矿长、总工程师、防突机构和安全管理机构负责人、防突工应当满足下列要求:

① 矿长、总工程师应当具备煤矿相关专业大专及以上学历,具有 3 年以上煤矿相关工作经历;

② 防突机构和安全管理机构负责人应当具备煤矿相关中专及以上学历,具有 2 年以上煤矿相关工作经历;

③ 防突机构应当配备不少于 2 名专业技术人员,具备煤矿相关专

业中专及以上学历；

④ 防突工应当具备初中及以上文化程度(新上岗的煤矿特种作业人员应当具备高中及以上文化程度)，具有煤矿相关工作经历，或者具备职业高中、技工学校及中专以上相关专业学历。

3.《煤矿防灭火细则》

为了加强煤矿防灭火工作，有效防控煤矿火灾事故，保障煤矿安全生产及从业人员生命安全和健康，国家矿山安全监察局于 2021 年 10 月 12 日颁布了《煤矿防灭火细则》，自 2022 年 1 月 1 日起施行。

《煤矿防灭火细则》主要内容包括：总则、一般规定、井下火灾监测监控、防火技术、应急处置、井下火区管理、露天煤矿防灭火和附则。

《煤矿防灭火细则》是指导现阶段煤矿防灭火工作的指南，更是《煤矿安全规程》对煤矿防灭火基本要求的延伸与细化，所以我们必须认真学习、领悟精髓、严格落实，这也是每一名煤矿从业人员保证自己生命安全的需要，更是煤矿企业免受火灾威胁与保障健康发展的需要。

该细则相关规定如下：

(1) 煤矿企业、煤矿的主要负责人(法定代表人、实际控制人)是本单位防灭火工作的第一责任人，总工程师是防灭火工作的技术负责人。

(2) 煤矿企业、煤矿应当明确防灭火工作负责部门，建立健全防灭火管理制度和各级岗位责任制度。开采容易自燃和自燃煤层的矿井应当配备满足需要的防灭火专业技术人员。

(3) 开采容易自燃和自燃煤层的矿井，必须建立注浆系统或者注惰性气体防火系统，并建立煤矿自然发火监测系统。

(4) 煤矿企业、煤矿必须对从业人员进行防灭火教育和培训，定期对防灭火专业技术人员进行培训，提高其防灭火工作技能和有效处置火灾的应急能力。

(5) 鼓励煤矿企业、煤矿和科研单位开展煤矿火灾防治科技攻关，研发、推广新技术、新工艺、新材料、新装备，提高煤矿火灾防治能力和智能化水平。

(6) 井下严格实行明火管制，并符合下列规定：

① 严禁在采掘工作面进行电焊、气割等动火作业。

② 严禁携带烟草和点火物品，严禁穿化纤衣服入井。

③ 井下严禁使用灯泡取暖和使用电炉。

④ 井下爆破作业时，应当按照矿井瓦斯等级选用煤矿许用炸药和雷管，并严格按施工工艺进行爆破。

⑤ 井口和井下电气设备必须装设防雷击和防短路的保护装置。

（7）当井下发现自然发火征兆时，必须停止作业，立即采取有效措施处置。在发火征兆不能得到有效控制时，必须撤出人员，封闭危险区域。进行封闭施工作业时，其他区域所有人员必须全部撤出。

（8）任何人发现井下火灾时，应当视火灾性质、灾区通风和瓦斯情况，立即采取一切可能的方法直接灭火，控制火势，并迅速报告矿调度室。矿调度室在接到井下火灾报告后，应当立即按灾害预防和处理计划通知有关人员组织抢救灾区人员和实施灭火工作。

矿值班调度和在现场的区、队、班组长应当依照灾害预防和处理计划的规定，将所有可能受火灾威胁区域中的人员撤离，并组织人员灭火。电气设备着火时，应当首先切断其电源；在切断电源前，必须使用不导电的灭火器材进行灭火。

抢救人员和灭火过程中，必须指定专人检查甲烷、一氧化碳、煤尘以及其他有害气体浓度和风向、风量的变化，并采取防止瓦斯、煤尘爆炸和人员中毒的安全措施。

4.《煤矿防治水细则》

为了加强煤矿防治水工作，防止和减少事故，保障职工生命安全和健康，国家煤矿安全监察局于 2018 年 6 月 4 日颁布了《煤矿防治水细则》，自 2018 年 9 月 1 日起施行。

《煤矿防治水细则》主要内容包括：总则、矿井水文地质类型划分及基础资料、矿井水文地质补充勘探、井下探放水、矿井防治水技术、露天煤矿防治水、水害应急处置、附则。

《煤矿防治水细则》体现了煤矿防治水工作从防治理念到技术与管理的科学性与先进性，是煤矿防治水工作的指南，更是煤矿开展防治水工作的强制性规范，所以煤矿从业人员必须认真学好与用好《煤矿防治水细则》，这样才能真正使煤矿水患治理工作方法科学、技术先进、措施合理、治理高效。

该细则相关规定如下：

(1) 煤矿应当根据本单位的水害情况，配备满足工作需要的防治水专业技术人员，配齐专用的探放水设备，建立专门的探放水作业队伍，储备必要的水害抢险救灾设备和物资。

(2) 水文地质类型复杂、极复杂的煤矿，还应当设立专门的防治水机构、配备防治水副总工程师。

(3) 煤炭企业、煤矿应当结合本单位实际情况建立健全水害防治岗位责任制、水害防治技术管理制度、水害预测预报制度、水害隐患排查治理制度、探放水制度、重大水患停产撤人制度以及应急处置制度等。

(4) 煤矿主要负责人必须赋予调度员、安检员、井下带班人员、班组长等相关人员紧急撤人的权力，发现突水（透水、溃水，下同）征兆、极端天气可能导致淹井等重大险情，立即撤出所有受水患威胁地点的人员，在原因未查清、隐患未排除之前，不得进行任何采掘活动。

(5) 煤炭企业、煤矿应当对井下职工进行防治水知识的教育和培训，对防治水专业人员进行新技术、新方法的再教育，提高防治水工作技能和有效处置水灾的应急能力。

5.《防治煤矿冲击地压细则》

为了加强煤矿冲击地压防治工作，有效预防冲击地压事故，保障煤矿职工安全，国家煤矿安全监察局于 2018 年 5 月 2 日颁布了《防治煤矿冲击地压细则》，自 2018 年 8 月 1 日起施行。

《防治煤矿冲击地压细则》内容主要包括：冲击地压矿井的防冲管理，煤层冲击倾向性的鉴定，开采冲击地压煤层的安全防范及安全保障措施，冲击地压的预测预报，防冲措施的实施，发生冲击地压事故时的应急管理。

《防治煤矿冲击地压细则》，细化了《煤矿安全规程》对煤矿冲击地压防治与防控工作的规定，增强了《煤矿安全规程》的可执行性与操作性，对规范冲击地压矿井的冲击地压防治与防控管理工作具有重大意义。因此，只有全面学习、掌握《防治煤矿冲击地压细则》的相关规定，才能更有效地防治煤矿冲击地压，确保煤矿开采安全。

该细则相关规定如下：

(1) 冲击地压是指煤矿井巷或工作面周围煤(岩)体由于弹性变形能的瞬时释放而产生的突然、剧烈破坏的动力现象，常伴有煤(岩)体瞬间位移、抛出、巨响及气浪等。

(2) 有冲击地压矿井的煤矿企业必须明确分管冲击地压防治工作的负责人及业务主管部门，配备相关的业务管理人员。冲击地压矿井必须明确分管冲击地压防治工作的负责人，设立专门的防冲机构，并配备专业防冲技术人员与施工队伍，防冲队伍人数必须满足矿井防冲工作的需要，建立防冲监测系统，配备防冲装备，完善安全设施和管理制度，加强现场管理。

(3) 冲击地压矿井必须依据冲击地压防治培训制度，定期对井下相关的作业人员、班组长、技术员、区队长、防冲专业人员与管理人员进行冲击地压防治的教育和培训，保证防冲相关人员具备必要的岗位防冲知识和技能。

6.《煤矿地质工作细则》

为了加强和规范煤矿地质工作，为煤矿安全生产提供地质保障，有效预防煤矿事故，国家矿山安全监察局于 2023 年 12 月 29 日颁布了《煤矿地质工作细则》，自 2024 年 3 月 1 日起施行。

《煤矿地质工作细则》的主要内容包括：总则、煤矿地质类型划分及基础资料、煤矿隐蔽致灾地质因素普查、煤矿地质补充调查与勘探、煤矿地质观测与综合分析、煤矿建设阶段地质工作、煤矿生产阶段地质工作、煤矿闭坑阶段地质工作、煤矿地质数字化工作、附则和附录等。

该细则相关规定如下：

(1) 煤矿地质工作应当坚持“综合勘查、科学分析、预测预报、保障安全”的原则。

(2) 煤矿地质工作的主要任务包括：

① 研究煤矿地层、地质构造、煤层、煤质、瓦斯、水文地质、冲击地压、工程地质和其他开采地质条件等地质特征及其变化规律，开展地质类型划分；

② 查明影响煤矿安全生产的各种隐蔽致灾地质因素；

③ 进行地质补充调查与勘探、地质观测、资料编录和综合分析，提供煤矿建设和生产各个阶段所需要的地质资料，解决煤矿安全生产中的各种地质问题；

④ 估算和核实煤矿煤炭资源储量以及煤矿瓦斯（煤层气）资源储量，掌握资源储量动态，为合理安排生产提供可靠依据；

⑤ 调查、研究煤矿含煤地层中共（伴）生矿产的赋存情况和开采利用价值。

7.《煤矿重大事故隐患判定标准》

为了准确认定、及时消除煤矿重大事故隐患，应急管理部于2020年11月2日颁布了《煤矿重大事故隐患判定标准》，自2021年1月1日起施行。

该判定标准规定的15类重大事故隐患如下：

(1) 超能力、超强度或者超定员组织生产；

(2) 瓦斯超限作业；

(3) 煤与瓦斯突出矿井，未依照规定实施防突出措施；

(4) 高瓦斯矿井未建立瓦斯抽采系统和监控系统，或者系统不能正常运行；

(5) 通风系统不完善、不可靠；

(6) 有严重水患，未采取有效措施；

(7) 超层越界开采；

(8) 有冲击地压危险，未采取有效措施；

(9) 自然发火严重，未采取有效措施；

(10) 使用明令禁止使用或者淘汰的设备、工艺；

(11) 煤矿没有双回路供电系统；

(12) 新建煤矿边建设边生产，煤矿改扩建期间，在改扩建的区域生产，或者在其他区域的生产超出安全设施设计规定的范围和规模；

(13) 煤矿实行整体承包生产经营后，未重新取得或者及时变更安全生产许可证而从事生产，或者承包方再次转包，以及将井下采掘工作面和井巷维修作业进行劳务承包；

(14) 煤矿改制期间，未明确安全生产责任人和安全管理机构，或者在完成改制后，未重新取得或者变更采矿许可证、安全生产许可证和营业执照；

(15) 其他重大事故隐患。

8.《煤矿安全生产标准化管理体系考核定级办法》和《煤矿安全生产标准化管理体系基本要求及评分方法》(以下简称《煤矿安全生产标准化管理体系》)

为进一步加强煤矿安全生产基础建设，提升煤矿安全保障能力，国家矿山安全监察局组织制定了《煤矿安全生产标准化管理体系》，自2024年11月1日起施行。

1)《煤矿安全生产标准化管理体系考核定级办法》

(1)《煤矿安全生产标准化管理体系考核定级办法》规定，煤矿安全生产标准化管理体系等级分为一级、二级、三级3个等级，所应达到的要求为：

一级：煤矿安全生产标准化管理体系考核总得分不低于90分，重大灾害防治、专业管理部分评分不低于90分，安全基础管理部分评分不低于85分，且不存在下列情形：

① 发生生产安全死亡事故，自事故发生之日起，一般事故未满1年、较大及重大事故未满2年、特别重大事故未满3年的；

② 安全生产标准化管理体系一级检查考核未通过，自考核定级部门检查之日起未满1年的；

③ 被降级或撤销等级未满1年的；

④ 被列入安全生产严重失信主体名单管理期间的。

二级：煤矿安全生产标准化管理体系考核总得分及各管理部分得分均不低于80分，且不存在下列情形：

① 发生生产安全死亡事故，自事故发生之日起，一般事故未满半年、较大及重大事故未满1年、特别重大事故未满2年的；

② 被降级或撤销等级未满半年的。

三级：煤矿安全生产标准化管理体系考核总得分及各管理部分得分均不低于70分。

(2)《煤矿安全生产标准化管理体系》等级实行分级考核定级。

申报一级的煤矿由省级煤矿安全生产标准化工作主管部门组织初审，国家矿山安全监察局组织考核定级。申报二级、三级的煤矿，初审和考核定级部门由省级煤矿安全生产标准化工作主管部门确定。

(3)煤矿安全生产标准化管理体系考核定级按照企业自评申报、初审、考核、公示、公告的程序进行。煤矿安全生产标准化管理体系考核定级部门原则上应在收到煤矿企业申请后的60个工作日内完成考核定级。煤矿和各级煤矿安全生产标准化工作主管部门，应通过国家矿山安全监察局“矿山安全生产综合信息系统—安全生产标准化”，以下简称“信息系统”)完成申报、初审、考核、公示、公告等各环节工作。未按照规定的程序和信息化方式开展考核定级等工作的，不予公告确认。

2)《煤矿安全生产标准化管理体系基本要求及评分方法》

煤矿是安全生产的责任主体，必须建立健全煤矿安全生产标准化管理体系，通过制定安全生产目标，设置机构，配备人员，建立并落实安全生产责任制和安全管理制度，提升从业人员素质，开展安全风险分级管控、隐患排查治理，聚焦重大灾害防治，抓好各专业管理，不断规范、持续改进安全生产管理，实现安全生产。

《煤矿安全生产标准化管理体系》考核定级执行《煤矿安全生产标准化管理体系基本要求及评分方法》。

《煤矿安全生产标准化管理体系》包括重大灾害防治、安全基础管理和专业管理三个要素。

9.《煤矿安全培训规定》

《煤矿安全培训规定》于2018年1月11日以国家安全生产监督管理总局令第92号公布，自2018年3月1日起施行。

该规定要求：

(1)煤矿其他从业人员应当具备初中及以上文化程度。该规定所称煤矿其他从业人员，是指除煤矿企业主要负责人、安全生产管理人员和特种作业人员以外，从事生产经营活动的其他从业人员，包括煤矿其他负责人、其他管理人员、技术人员和各岗位的工人、使用的被派遣劳动者和临时聘用人员。

(2) 煤矿企业应当对其他从业人员进行安全培训，保证其具备必要的安全生产知识、技能和事故应急处理能力，知悉自身在安全生产方面的权利和义务。

(3) 煤矿企业新上岗的井下作业人员安全培训合格后，应当在有经验的工人师傅带领下，实习满四个月，并取得工人师傅签名的实习合格证明后，方可独立工作。工人师傅一般应当具备中级工以上技能等级、三年以上相应工作经历和没有发生过违章指挥、违章作业、违反劳动纪律等条件。

(4) 企业井下作业人员调整工作岗位或者离开本岗位一年以上重新上岗前，以及煤矿企业采用新工艺、新技术、新材料或者使用新设备的，应当对其进行相应的安全培训，经培训合格后，方可上岗作业。

10.《国家卫生健康委办公厅关于进一步加强用人单位职业健康培训工作的通知》

为贯彻落实《国家职业病防治规划(2021—2025年)》，强化用人单位主体责任，严格落实职业健康培训制度，国家卫生健康委员会办公厅于2022年12月13日发布了《国家卫生健康委办公厅关于进一步加强用人单位职业健康培训工作的通知》。通知对职业健康培训做了如下规定：

(1) 建立健全职业健康培训管理制度。用人单位要建立健全职业病防治宣传教育培训制度，明确职业健康培训工作的管理部门和管理人员，制定职业健康培训年度计划，做好职业健康培训保障，规范职业健康培训档案资料管理。职业健康培训档案应包括年度培训计划，主要负责人、职业健康管理人员和劳动者培训相关记录材料等。记录材料应包括培训时间、培训签到表、培训内容、培训合格材料，以及培训照片与视频材料等。

(2) 按时接受职业健康培训。用人单位主要负责人、职业健康管理人员和劳动者应按时接受职业健康培训。主要负责人和职业健康管理人员应当在任职后3个月内接受职业健康培训，初次培训不得少于16学时，之后每年接受一次继续教育，继续教育不得少于8学时。劳动者上岗前应接受职业健康培训，上岗前培训不得少于8学时，之后每年接受一次在岗培训，在岗培训不得少于4学时。煤矿新工人上岗前培训内容包括：职业健康相关法律法规、单位职业健康管理制度和操作规程、职业病危害防治基础知识、职业健康管理知识及职业健康相关工作。

（3）加强职业健康培训组织管理。用人单位应当按照本单位的培训制度以及年度培训计划组织开展劳动者上岗前和在岗期间职业健康培训，提高劳动者职业健康素养和技能。因变更工艺、技术、设备、材料，或者岗位调整导致劳动者接触的职业病危害因素发生变化的，用人单位应当重新对劳动者进行上岗前职业健康培训。用人单位可以自行组织开展劳动者职业健康培训，无培训能力的用人单位也可委托职业健康培训机构组织开展。放射工作人员培训内容及学时根据《放射工作人员职业健康管理办法》等相关规定执行。对主要负责人、职业健康管理人员的培训，用人单位可以根据本单位情况及卫生健康行政部门的要求，聘请相关专家进行培训，或参加职业健康培训机构开展的培训。用人单位应当加强对存在矽尘、石棉粉尘、高毒物品等严重职业病危害因素岗位劳动者的职业健康培训，经培训考核合格后方可安排劳动者上岗作业。

（4）提高职业健康培训实效。用人单位要根据所属行业特点和劳动者接触职业病危害因素情况，合理确定培训内容和培训时间，明确培训方式、培训考核办法和合格标准，满足不同岗位劳动者的培训需求。确保用人单位主要负责人和职业健康管理人员具备与所从事的生产经营活动相适应的职业健康知识和管理能力，劳动者具备职业病防护意识，了解职业病防治法律法规，熟悉相关职业健康知识和职业卫生权利义务，掌握岗位操作规程，能够正确使用职业病防护设施和职业病防护用品。

（5）规范劳务派遣劳动者等人员的职业健康培训工作。使用劳务派遣劳动者的用人单位应当将被派遣劳动者纳入本单位职业健康培训对象统一管理。外包单位应当对劳动者进行必要的职业健康教育和培训。接收在校学生实习的用人单位应当对实习学生进行上岗前职业健康培训，提供必要的职业病防护用品；对实习期超过一年的实习学生进行在岗期间职业健康培训。

第二章　煤矿从业人员安全生产的权利与义务

第一节　煤矿从业人员安全生产的权利

一、劳动保护和提请劳动争议处理权

职工有要求用人单位保障职工的劳动安全、防治职业病危害的权利。职工与用人单位建立劳动关系时，应当要求订立劳动合同，劳动合同应当载明为职工提供符合国家法律、法规、标准规定的劳动安全卫生条件和必要的劳动防护用品，工作场所存在的职业病危害因素以及有效的防护措施，对从事有毒有害作业的职工定期进行健康检查，依法为职工办理工伤保险等。

当职工的劳动保护权益受到损害时，或者因劳动保护问题与用人单位发生纠纷时，有向有关部门提请劳动争议处理的权利。

二、安全生产知情权

职工有权了解作业场所和工作岗位存在的危险因素、危害后果，以及针对危险因素应采取的防范措施和事故应急措施，用人单位必须向职工如实告知，不得隐瞒和欺骗。如果用人单位没有如实告知，职工有权拒绝工作，用人单位不得因此做出对职工不利的处分。进入工作面前，职工有权要求跟班干部或班长检查工作面，并制定具体安全措施。

三、参与安全生产管理权

职工有权参与本单位安全生产工作的民主管理和民主监督，对本单位的安全生产工作提出意见和建议，对不符合党和国家安全生产方针和法律、法规的规章、制度有权提出修改意见。用人单位应当重视和尊重职工的意见和建议，并及时做出答复。

四、安全生产监督权

职工有权对企业贯彻、执行党和国家安全生产方针的情况，有关安全生产法规及管理制度的执行情况，管理干部行为，作业现场的安全情况，安全技术措施专项费用使用情况进行监督。

五、安全生产教育培训权

职工享有参加安全生产教育培训的权利。用人单位应依法对职工进行安全生产法律、法规、规程及相关标准的教育培训，使职工掌握从事岗位工作所必须具备的安全生产知识和技能。用人单位没有依法对职工进行安全生产教育培训或特殊工种作业人员未取得操作资格证书的，职工有权拒绝上岗作业。

六、职业健康防治权

从事接触职业病危害因素或可能导致职业病工作的职工，有权进行职业健康检查并了解检查结果。被诊断为患有职业病的职工有依法享受职业病待遇，接受治疗、康复和定期检查的权利。煤矿从业人员离开煤矿企业时，有权索取本人职业健康监护档案复印件，煤矿企业必须如实、无偿提供，并在所提供的复印件上签章。

七、拒绝违章指挥权

违章指挥是指用人单位的有关管理人员违反安全生产法律、法规和有关安全规程、规章制度的规定，指挥从业人员进行作业的行为。强令冒险作业是指用人单位的有关管理人员明知开始或继续作业可能会导致重大危险，却仍然强迫职工进行作业的行为。违章指挥、强令冒险作业违背了“安全第一”的方针，侵犯了职工的合法权益，职工有权拒绝；违章操作，职工有权制止；跟班干部擅离工作岗位，职工有权向有关部门报告。用人单位不得因职工拒绝违章指挥和强令危险作业而打击报复，降低其工资、福利等待遇或解除与其订立的劳动合同。

八、停止作业避险权

职工发现直接危及人身安全的紧急情况时，有权停止作业，或者在采取可能的应急措施后，撤离作业场所。用人单位不得因职工在紧急情况下停止作业或者采取紧急撤离措施而降低其工资、福利待遇或者解除与其订立的劳动合同。但职工在行使这一权利时要慎重，要尽可能正确判断险情危及人身安全的程度。例如，火灾初起阶段很容易扑灭，职工应尽快组织灭火，如火灾扩大无法扑灭，则应立即撤离。

九、工伤保险和民事索赔权

用人单位应当依法为职工办理工伤保险，为职工缴纳工伤保险费。职工因安全生产事故受到伤害，除依法享受工伤保险外，还有权向用人单位提出民事赔偿要求，并且工伤保险和民事赔偿不能互相取代。

十、批评、检举和控告权

职工有权向煤矿企业和煤炭管理部门、工会组织举报违反有关安全生产法律、法规、制度的行为；有权检举违章指挥、违章作业者；有权反映作业现场安全管理情况和不安全因素。职工检举可以署名，也可以不署名；可以用书面形式，也可以用口头形式。但是，职工在行使这一权利时，应注意检举和控告的情况必须真实，要实事求是。用人单位不得因职工行使上述权利而对其进行打击、报复，包括不得因此而降低其工资、福利待遇或者解除与其订立的劳动合同。在进行安全生产监督检查时，职工如果受到打击报复和迫害，有权向上级或政府有关部门、工会组织投诉和控告；有权对忽视安全、玩忽职守造成事故的责任者进行检举；有权对隐瞒事故的单位和责任者提出控告。

想一想：小王和某矿业公司签订了劳动合同，劳动合同中没有注明工作岗位存在的危险因素，公司没有对小王进行安全培训，没有进行职业健康检查，未办理工伤保险，也未配备劳动防护用品，就安排小王下井工作。请问该矿业公司侵犯了小王的哪些权利？小王该如何维护自己的权利？

第二节 煤矿从业人员安全生产的义务

一、遵守安全生产规章制度和操作规程的义务

职工不仅要严格遵守安全生产有关的法律、法规，还应当遵守用人单位的安全生产规章制度和操作规程，这是职工在安全生产方面的一项法定义务。职工必须增强法纪观念，自觉遵章守纪，从维护国家利益、集体利益以及自身利益出发，把遵章守纪、按章操作落实到具体的工作中。

二、服从安全生产管理的义务

职工要服从煤矿安全检查、安全监察管理；自觉服从安全监督部门、安全监察部门的指挥，自觉配合安全监察人员的工作，协助他们执行公务，并提供真实信息和有关资料。

煤矿企业安全生产管理人员一般具有丰富的安全生产知识和经验。职工服从管理，可以维持生产经营活动的秩序，有效避免或减少生产安全事故的发生。因此，职工应当服从管理，这也是职工在安全生产方面的一项法定义务。当然，职工对于违章指挥、强令冒险作业的行为，有权拒绝。

三、正确佩戴和使用劳动防护用品的义务

劳动防护用品是保障职工在劳动过程中安全与健康的一种防御性装备，不同的劳动防护用品有其特定的佩戴和使用规则，只有正确佩戴和使用，方能真正起到防护作用。用人单位在为职工提供符合国家或行业标准的劳动防护用品后，职工有义务正确佩戴和使用劳动防护用品。

四、发现事故隐患及时报告并参加抢险救灾的义务

职工发现事故隐患和不安全因素后，应及时向现场安全生产管理人员或本单位负责人报告，接到报告的人员应当及时予以处理。一般来说，职工报告得越早，接收报告的人员处理得越早，事故隐患和其他职业危险因素造成的危害就越小。煤矿发生事故后，应急救援部门应积极参与抢救，不能以任何借口逃避抢救工作。

五、接受安全生产培训教育的义务

职工应依法接受安全生产教育和培训，掌握所从事岗位工作所需的安全生产知识，提高安全生产技能，增强事故预防和应急处理能力。特殊性工种作业人员和有关法律法规规定须持证上岗的作业人员，必须经培训考核合格，依法取得相应的资格证书或合格证书后，再上岗作业。

六、改善工作环境和爱护生产设施、设备的义务

职工在工作中，应积极参加技术革新活动，提出合理化建议，不断改善劳动条件和工作环境。

煤矿企业的生产设备及设施是安全生产的保证，职工要自觉维护其正常运转和安全使用，使其发挥保障安全生产的作用。

第三章　煤矿企业安全生产管理体系与规章制度

第一节　煤矿安全生产管理的目的、内容和方法

一、煤矿安全生产管理的目的

1. 保护职工的生命安全

煤矿工作环境危险性极高，职工在井下进行开采活动时面临着很多风险，如瓦斯爆炸、透水、火灾等。因此，煤矿安全生产管理的目的之一就是确保矿工能在安全的工作环境下进行生产活动，有效避免矿难的发生。通过建立完善的安全管理制度和相关的安全规范，加强安全教育培训，提高职工的安全意识和技能水平，可以最大限度地减少事故的发生，保护职工的生命安全。

2. 保护职工的财产安全

除了保护职工的生命安全外，煤矿安全生产管理的目的还包括对职工财产的安全保护。在煤矿生产过程中，职工会使用大量的设备和工具进行采掘作业，这些设备和工具的损坏会对职工的生产秩序和生活带来不利影响。因此，建立健全的设备维护管理制度，加强设备的保养和检修工作，保证设备的正常运行，是保护职工财产安全的重要手段。

3. 提高煤矿生产效率

煤矿安全生产管理不仅关乎职工的生命安全和财产安全，也与国家能源供应和经济发展直接相关。矿难和事故的发生会导致煤矿停产、生产中断，会给国家能源供应带来直接负面影响。同时，事故后的调查、救援和恢复工作也需要耗费大量的人力、物力、财力，给煤矿企业造成巨大的经济损失。因此，通过实施科学、规范的煤矿安全生产管

理，可以最大限度地减少事故的发生，确保煤矿的正常生产运营，提高煤矿的生产效率。

4. 维护社会平稳和谐

事故的发生会给职工的家庭和社会带来巨大的压力和痛苦，甚至引发社会不满和动荡。通过加强煤矿安全生产管理，营造安全稳定的矿区环境，能有效维护社会的平稳和谐，增强人民群众对国家的信心和认同。

煤矿安全生产管理的目的是多方面的，旨在保障矿工的生命安全和财产安全，提高煤矿的生产效率，维护社会平稳和谐。只有通过建立健全的安全管理机制，加强安全意识和技能培训，完善设备维护管理，才能有效地预防和减少事故的发生，保护职工的生命、财产安全，实现煤矿安全生产的可持续发展。同时，政府和企业要加强协作，制定和落实相关法律法规和政策，加大煤矿安全生产管理的监管力度，形成多方合力，共同维护煤矿安全生产的良好环境。只有这样，才能保证煤矿安全生产的可持续发展。

二、煤矿安全生产管理的内容

1. 安全生产责任制

安全生产责任制是指煤矿企业中各级领导干部、部门、岗位和员工在安全生产工作中层层负责的制度。不同层次领导的责任不同，但是共同点是要承担安全生产工作的管理和领导工作。在实际操作中，煤矿企业应该制定规章制度，确定责任分工，落实“谁主管、谁负责”的原则，明确人员该承担的职责和权利，确保各项安全管理措施得以贯彻。

2. 安全教育和培训

安全教育和培训是保障煤矿职工安全的重要手段。在煤矿生产前，必须对新员工和老员工进行安全培训，对入矿员工进行必要的技能培训和文化知识培训。同时要反复强调安全标准和要求，教育职工防范煤矿事故，提高他们应对突发事件的能力。

3. 安全技术措施

煤矿安全技术措施主要为煤矿企业在生产过程中采取的种种措施，如人员操纵车辆需要符合相关的操作规范，作业场所要保持通风，灭火设施要及时维修，其他的防护设施也要及时更新和维护等。企业需要根据煤矿生产过程中风险的不同特点采取相应的安全技术措施。

4. 安全检查和监督

安全检查和监督是煤矿安全管理的基础。煤矿企业应该建立完善的安全检查体系，定期对设备、工程、人员和生产过程进行安全检查，及时发现安全隐患并采取措施加以解决。在检查的同时，对检查发现的问题进行总结和汇报，并采取有效措施将安全管理工作做得更加细致化。

5. 处理安全事故

在煤矿生产过程中，有可能发生安全事故。一旦发生事故，煤矿企业需要尽快确定事故的性质和范围，组织力量展开事故调查和处理，评估事故的影响和损失，并严肃追究责任人的责任。同时，对事故过程和事故原因进行分析，制定相应的整改措施，以不断提高安全管理水平和工作质量。

煤矿安全管理是一个复杂而严肃的工作，必须注重全方位的配合。要将安全教育和责任制结合起来，使职工和管理人员落实安全措施，结合严格的安全监督及事故处理制度，保障煤矿职工的人身及财产安全，确保企业安全发展。

三、煤矿安全生产管理的方法

煤矿安全生产管理常用的方法有如下几种：

1. 安全检查法

安全检查又称安全生产检查，是煤矿企业根据其生产特点，对生产过程中的安全生产状况进行经常性、定期性、监督性的检查活动，是促进煤矿在整个生产活动的过程中，贯彻方针、执行法规、按章作业、依制度办事，实施安全生产管理的一种实用管理技术方法。

安全检查的内容很多，常用的提法是“六查”，即查思想、查领导、查现场、查隐患、查制度、查管理。

安全检查的形式主要有定期检查、突击检查和特殊检查。在具体实施时，必须贯彻领导与职工相结合、自查和互查相结合、检查和整改相结合的原则，防止走形式、走过场。

2. 安全目标管理法

安全目标管理是安全管理的集中要求和目的所在，是指将煤矿企业一定时期的安全工作任务转化为明确的安全工作目标，并将目标分解到本系统的各个部门和个人，各个部门和个人严格地、自觉地按照所定目标进行工作的一种管理方法。

安全目标管理主要是通过定方针、定目标、排日程，依靠自觉行动与严格检查保证目标的实现。安全目标管理是重视人、激励人、充分调动人的主观能动性的管理。

3. 戴明循环管理法

戴明循环管理法是美国人戴明提出的一种企业管理方法，又叫PDCA循环法（即Plan，计划；Do，实施；Check，检查；Action，处理）。其实质是把管理工作分为4个阶段，按以下8步法循环提高：

(1) 分析现状找出问题，即查隐患。

(2) 分析产生问题的原因，即查原因。

(3) 找出主要影响因素。

(4) 制定整改计划与措施，即定措施。

(5) 实施措施与计划。

(6) 检查决策实施效果，即检查。

(7) 实行标准化，巩固成果，即总结经验。

(8) 转入下一个循环处理问题，即转入下一循环。

这种循环不是简单的重复，而是一种螺旋式上升，通过不断循环，将安全管理工作提高到一个新的水平。PDCA循环有以下3个特点：

(1) 大环套小环，小环保大环。

(2) PDCA循环是综合环，4个阶段缺一不可。

(3) 关键在A阶段。

4. 系统工程管理法

煤矿安全系统工程是指用现代系统安全管理的理论基础和主要方法管理矿井的安全生产，改变传统的安全管理现状，实现系统安全化，从而达到最佳的安全生产效益。

煤矿企业实际是一个完整的系统，组成煤矿企业的各个单元都是相互依靠、相互关联的有机整体，要想对煤矿安全生产进行全面、有效的管理，就需要熟练掌握煤矿安全系统工程的基本知识。

5. 系统安全预测法

预测是指运用各种知识和科学手段分析、研究历史资料，对系统存在的危险类别、出现条件及可能造成的结果进行事先的推测和估计。煤矿企业中常用的安全预测法大致可分为以下 3 方面的方法：

(1) 安全生产专业技术方面。如矿压预测预报、煤与瓦斯突出预测预报、煤炭自燃预报、水害预测预报、机电运输故障预测预报。

(2) 安全生产管理技术方面。如回看历史法、过程转移法、检查隐患法、观察预兆法、相关回归法、趋势外推法、规范反馈法、控制图法、管理评定法等。

(3) 人的安全行为方面。如人体生物节律法、行为抽样法、心理归类法、思想排队法、行动分类法、年龄统计法等。

6. 系统安全评价法

安全评价的根本问题是如何确定安全与危险的界限，分析危险因素的危险性，采取降低危险性的措施。评价前要先确定系统的危险性，再根据危险的影响范围和公认的安全指标，对危险性进行具体评价，并采取措施消除或降低系统的危险性，使其保持在允许的范围内。评价中的允许范围是指社会允许标准，其取决于国家政治、经济和技术水平等。通常可以将评价看成一种“传感器”或“检测器”，前者主要是感受传递企业安全生产方面的数量和质量的信息，后者主要是检查安全生产的数量和质量是否符合国家(或上级)规定的标准和要求。

7. 风险预控法

风险预控是在危险源辨识和风险评估的基础上，预先采取措施消除或控制风险的过程。我国颁布了《煤矿安全风险预控管理体系规范》(AQ/T 1093)，适用于井工煤矿的安全风险预控管理。煤矿应建立并保持安全风险预控管理程序，以全面辨识煤矿生产系统和作业活动中的各种危险源，明确危险源可能产生的风险及其后果，并对危险源进行分级、分类、监测、预警、控制，预防事故的发生。

(1) 危险源辨识。煤矿应组织相关人员进行培训，对本单位所有活动及区域的危险源进行全面、系统的辨识。

(2) 风险评估。煤矿应组织相关人员对辨识出的危险源进行风险评估,并对风险评估资料进行统计、分析、整理、归档。

(3) 风险管理对象、管理标准和管理措施。在对危险源进行辨识、分析的基础上,应提炼出相应的风险管理对象,针对风险管理对象制定相应的管理标准和措施并形成程序。管理标准和措施的制定应遵从全面性原则、可操作性原则和全过程原则,并进行持续的修订和完善。

(4) 危险源监测。煤矿应采取措施对危险源进行监测,以确定其是否处于受控状态。危险源监控过程中,要确保监测方法适宜,监测设备灵敏、可靠,监测信息传递畅通、及时。

(5) 风险预警。煤矿应采取措施对危险源产生的风险进行预警,使管理层和责任人能够及时获取并采取措施加以控制。风险预警要针对不同级别、类别的危险源和不同程度的风险,制定相应的预警方法,并且需要建立完备的信息流通渠道使预警信息传递畅通、及时。

(6) 风险控制。煤矿应建立程序以确保风险管理标准、风险管理措施符合以下要求:

① 对危险源及其风险的控制遵循消除、预防、减弱、隔离、连锁、警示的原则。

② 危险源辨识、风险评估、风险管理标准与措施制定及隐患消除、控制效果评价等环节符合 PDCA 的运行模式。

③ 制订年度生产作业计划时应以上年度风险评估报告为依据,充分考虑本年度计划实施时的潜在风险。

④ 根据危险源辨识、风险评估结果和相关规定,编制作业规程、操作规程、安全技术措施计划、应急预案及其他专项安全技术措施。

⑤ 在进行重大以上风险作业时,应编制专门的安全措施,并明确安全工作程序。

(7) 信息与沟通。煤矿应建立相应制度,以确保员工与相关方能够及时获取风险预控管理信息,并相互沟通、告知。

第二节　煤矿安全生产责任体系

煤矿安全生产是一门跨学科、跨门类、综合性很强的边缘学科，是一项全面性、系统性很强的工作，涉及煤矿企业生产建设的每一个方面、每一个过程、每一个环节，哪一个方面稍有疏忽或失误都有可能带来安全隐患，甚至造成事故，导致人员伤亡。如果安全管理不好，造成事故，不仅影响生产和效益，还影响到职工的生命健康和家庭幸福，产生不良的社会影响。因此，要想搞好安全生产管理，就必须建立、健全安全生产责任体系。

按照逐级负责、分工负责、系统负责、交叉负责、共同负责的基本要求，构建完善的安全生产责任体系。① 逐级负责就是坚持"一级考核一级，一级对一级负责"，健全各管理层级权限和职责；② 分工负责就是坚持谁主管谁负责，通过履行分管责任，解决分管工作存在的问题；③ 系统负责就是管业务的要管各项业务安全、管生产的要管生产过程安全，切实承担安全管理的责任；④ 交叉负责重点是针对结合部问题，明确领导间、部门间、单位间相互衔接、相互配合的责任分工，发挥整体合力；⑤ 共同负责就是落实各级组织的安全生产责任，形成人人负责、共同承责、齐抓共干的"责任共同体、利益共同体"。

第三节　煤矿安全生产管理制度及岗位责任制

一、煤矿安全生产管理制度

煤矿企业应当建立健全安全生产管理制度，加强安全生产基础管理。安全生产档案、原始记录和台账应按规定如实填写，按期保存备查。安全生产管理制度应当包括以下几方面内容：

(1) 安全生产责任制度。

(2) 安全生产投入保障制度。

(3) 建设项目安全管理制度。

(4) 安全设施、设备管理和检修、维修制度。

(5) 具有较大危险、危害因素的生产经营场所安全管理制度。

(6) 重大危险源安全检测、监控管理制度。

(7) 消防安全管理制度。

(8) 职业卫生管理制度。

(9) 劳动防护用品发放和管理制度。

(10) 安全生产逐级检查及事故隐患排查、整改制度。

(11) 安全生产奖惩和责任追究制度。

(12) 安全生产教育培训考核制度。

(13) 特种作业人员管理制度。

(14) 岗位标准化操作制度。

(15) 安全生产会议管理制度。

(16) 生产安全事故报告和调查处理制度。

(17) 其他保障安全生产的管理制度。

二、煤矿安全生产岗位责任制

岗位责任制是指根据煤矿安全生产各个工作岗位的工作性质和业务特点，明确规定其职责、权限，并按照规定的工作标准进行考核及奖惩而建立起来的制度。在煤矿企业中，职工岗位责任制是岗位责任制的基础，它又可以分为连续性生产的岗位责任制和间断性生产的岗位责任制。实行岗位责任制，有助于煤矿生产工作的科学化、制度化。建立和健全岗位责任制，必须明确任务和人员编制，然后才有可能以任务定岗位、以岗位定人员，责任落实到人而非职务，各尽其职，达到事事有人负责的目标，改变以往有人没事干，有事又没人干的局面，避免苦乐不均现象的发生。

岗位职责的作用：

(1) 可以最大限度地实现劳动用工的科学配置。

(2) 有效地防止因职务重叠而发生的工作扯皮现象。

(3) 提高内部竞争活力，更好地发现和使用人才。

(4) 组织考核的依据。

(5) 提高工作效率和工作质量。

(6) 规范操作行为。

(7) 减少违章行为和违章事故的发生。

煤矿企业在制定岗位职责时，要考虑尽可能一个岗位包含多项工作内容，以避免各岗位员工由于长期从事单一型工作而被埋没了个人的其他才能。丰富的岗位职责内容，可以促使一名多面手的员工充分发挥各种才能，也会收到激励员工主动积极工作的效果。

第四节 劳动纪律

劳动纪律是指人们在共同劳动过程中，为取得行动一致，保证生产（或工作）过程实现所必须遵守的行为准则，它是职工从事生产劳动的必要条件。不论在任何生产方式下，只要进行共同劳动，就必须有劳动纪律；否则，集体生产便无法进行。

劳动纪律是用人单位为形成和维持生产经营秩序，保证劳动合同得以履行，要求全体员工在集体劳动、工作、生活过程中，以及与劳动、工作紧密相关的其他过程中必须共同遵守的规则。违反劳动纪律是“三违”行为之一。

劳动纪律包括以下内容：

(1) 严格履行劳动合同及违约应承担的责任（履约纪律）。

(2) 按规定的时间、地点到达工作岗位，按要求请休事假、病假、年休假、探亲假等（考勤纪律）。

(3) 根据生产、工作岗位职责及规则，按质、按量完成工作任务（生产、工作纪律）。

(4) 严格遵守技术操作规程和安全卫生规程（安全卫生纪律）。

(5) 节约原材料，爱护用人单位的财产和物品（日常工作生活纪律）。

(6) 保守用人单位的商业秘密和技术秘密（保密纪律）。

(7) 遵纪奖励与违纪惩罚规则（奖惩制度）。

(8) 与劳动、工作紧密相关的规章制度及其他规则（其他纪律）。

第四章　入 井 常 识

第一节　入 井 须 知

一、入井前的准备

（一）入井人员的基本条件

入井前的准备

根据有关法律法规的规定，煤矿井下从业人员必须符合下列基本条件：

（1）身体健康，无职业禁忌证。凡是有下列病症的不得从事煤矿井下作业：

① 活动性肺结核和肺外结核病；

② 严重的上呼吸道或支气管疾病；

③ 显著影响肺功能的肺脏或胸膜病变；

④ 心、血管器质性疾病；

⑤ 经医疗鉴定，不适于从事粉尘作业的其他疾病；

入井安全注意事项

⑥ 风湿病（反复活动）；

⑦ 严重的皮肤病；

⑧ 癫痫病；

⑨ 精神分裂症；

⑩ 经医疗鉴定，不适于从事井下工作的其他疾病。

（2）年满 18 周岁且不超过国家法定退休年龄。

（3）具有初中及以上文化程度。

（二）煤矿入井人员行为规范

（1）煤矿从业人员必须遵守入井的基本行为规范，以保证自己和他人的生命安全。

① 入井(场)人员必须佩戴安全帽等个体防护用品,穿带有反光标识的工作服。

② 入井人员必须随身携带自救器、标识卡和矿灯,严禁穿化纤衣服。

③ 煤矿职工要注意休息和饮食,下井前一定要睡好、吃饱,使精力充沛。入井前严禁喝酒,以免神志不清造成事故。

④ 严禁携带引火物下井,如烟草、火柴、打火机及带打火功能的电子表等。下井前一定要检查衣袋,将引火物放在井上安全地方,以免引起火灾和瓦斯爆炸。

⑤ 入井前,要准时参加班前会,认真听取工作安排和安全注意事项,以便采取妥善措施安全完成任务。

⑥ 入井前,必须准备好当班工具、材料和零配件。对随身携带有尖刃的工具一定要包好、绑牢或装入特制的保护套内,防止碰伤自己或他人。

⑦ 领取矿灯。矿灯是井下工人的眼睛,一定要做到正确地使用和爱护。每位入井人员,在入井前都要领一个矿灯。

(2) 领取矿灯后的注意事项:

① 领到矿灯后,要详细认真检查,如发现有灯头损坏、灯锁失效、灯盒漏水、灯线破损、明线外露和灯光不亮等情况,都要进行更换。

② 矿灯不要提在手里或背在肩上,更不准提灯线,灯头要固定在矿帽上。

③ 矿灯应随身背戴,如必须放下时,应放在安全地点,防止碰砸损坏。不准将矿灯挂在电缆或电线上,以免引起事故。

④ 在井下,绝对不许敲打灯盒、灯头,不准打开灯头盒和电池盒盖,以免产生电火花引发事故。

⑤ 在井下遇到矿灯熄灭或损坏时,千万不要惊慌,更不准在井下打开修理。如果只有自己一人,应在原地等候工友到来,结伴出井;如多人一起,则应派专人升井更换。

⑥ 升井后,要按规定时间,及时将矿灯交还矿灯房。如果矿灯有

问题应向矿灯房交代清楚,以便及时修理。

⑦ 在领取矿灯后,下井前还要领取自救器,并对自救器进行检查。

二、上、下井乘罐时应注意的事项

(1) 上、下井时,要遵守井口、井底的管理制度,在指定地点等候乘罐。

乘坐罐笼的
安全注意事项

(2) 乘罐时,要服从井口把钩工的指挥,自觉接受井口检查人员的检查和劝告,排队按次序上、下罐笼,不得拥挤、争抢。

(3) 必须在听到停车信号后,待井口把钩工打开井口安全门和罐门(或罐帘)后方可上、下罐笼。罐笼尚未停稳及未发出停车信号前,或发出开车信号后,均不得上、下罐笼。

(4) 进入罐笼后不准打闹,要握紧扶手,手、脚和头以及随身携带的工具物品不准露出罐外。

(5) 任何人员不准与携带火药、雷管的爆破工或火工品运送人员同罐上、下,也不准乘坐无安全盖的罐笼和装有设备材料的罐笼。

(6) 上、下井乘坐吊桶时,必须系牢安全带,要面向外,任何部位都不准突出容器外缘。同时,吊桶的安全装置应齐全、良好。

三、井下乘车应注意的事项

《煤矿安全规程》规定,长度超过 1.5 km 的主要运输平巷和垂深超过 50 m 的人员上下的主要倾斜井巷,上下班时应采用机械运送人员。井下机械运送人员的方式有人车、架空乘人装置等。

(一) 乘坐人车的注意事项

(1) 在斜巷或平巷乘车时,必须乘坐专门运送人员的人车,其他车辆(包括固定车厢式矿车、翻转车厢式矿车、底卸式矿车、材料车和平板车等)一概不准乘坐。

乘坐人车的
安全注意事项

(2) 听从司机及乘务人员的指挥,不要拥挤,按规定人数乘坐,不准超员。

(3) 严禁在机车上或任何两车厢之间搭乘。

(4) 开车前必须关上车门或挂上防护链,人体及所带的工具、物品严禁露出车外。

(5) 列车行驶中或尚未停稳时，严禁上、下车和在车内站立，严禁扒车、跳车和乘坐矿车。

(6) 爆破工携带炸药时，要用专车分装运送，其他人员不许与其混乘。

(7) 车辆掉道时，必须立即向司机发出停车信号。

(8) 倾斜井巷的人车必须有跟车人，跟车人必须坐在设有手动防坠器把手或制动器把手的位置上。斜井人车必须设置使跟车人在运送途中任何地点都能向司机发送紧急停车信号的装置。

(二) 倾斜井巷乘坐架空人车的注意事项

倾斜井巷乘坐架空人车时不应慌张，不要猛上猛下。运行中人员要坐稳、扶牢，不得引起吊杆摆动，不得手扶牵引钢丝绳，不得触及邻近的任何物品。严禁其他人员与携带爆炸物品的人员同时上、下。

乘坐架空人车的安全注意事项

四、井下行走时应注意的事项

(1) 在井下各种运输井巷里行走时，不要走在轨道当中，应走人行道或运输巷道行人的一侧。如果没有人行道，必须走绞车道时，要预先与把钩人员联系，经同意后，方能通行，做到行人不开车，行车不行人。如人员行走途中，一旦发现开车现象，要立即进入附近的躲避硐或向把钩工发出停车信号。

井下行走的安全注意事项

(2) 在大巷行走时，要精神集中，注意避让来往车辆，过交叉道口要做到“一停、二看、三通过”。

(3) 在井下走路时，要戴好安全帽和矿灯，注意前方，拿好随身携带的物品，背着的不准超过头顶，扛着的要扛平，不要碰着架空线、电缆或其他人员等。

(4) 通过风门或风帘后，要随手关好，并切记不要把两道风门同时打开，以免扰乱风流，造成漏风，引起事故。

(5) 路过人员正在工作的地方，一定要先打招呼，以免掉物将人砸伤、碰伤。立井或斜井的井底不准行人通行，要绕道过去。溜煤眼不准行人在下口停留。

(6) 挂有“禁止通行”或危险警告标牌的地方，无论有无栏杆挡着，工作人员均不得进入。在井下最好两人以上同行，遇事可相互照应。没到过的、无风的井巷禁止进入，严禁在井下任何地方睡觉。不是自己责任范围内的设备、设施不准随意开动，要爱惜井下设备。

五、交接班的规定

井下影响安全的因素很多，而且情况时常在变化，如地质条件、顶板压力、瓦斯和设备情况等。为了保证安全生产，必须坚持执行现场交接班制度，并做到如下事项：

(1) 在工作地点或指定地点，按规定时间进行交接班。

(2) 对口交接：区(队)长向区(队)长交接，班(组)长向班(组)长交接，特种作业岗位向特种作业岗位交接，不准委托他人代替交接班。

(3) 交接班时，要以工作为重，既要团结友好，又要一丝不苟，不准推卸责任或故意挑剔对方毛病，按规定办事。

(4) 交接班时要共同检查、交接以下几点：

① 任务完成情况，工程规格质量情况；

② 工具、设备、设施和材料有无短缺和损坏，设备运转有无异常等；

③ 通风情况、瓦斯浓度、顶板压力和支护等安全情况；

④ 工作面有无水、瓦斯、煤的突出征兆和其他特殊现象；

⑤ 其他安全情况等。

(5) 对于交接班中的问题，一般应及时处理。大的问题必须马上报告上级，待接到指示后再按规定处理，达到安全要求后方能作业。

六、井下工作中必须注意的事项

(1) 要自觉爱护井下各种设备和设施。

(2) 对井下通风设备、设施和通风构筑物，不准随意损坏。通过风门后一定要随手关好，如就近有两道风门，切不可同时打开；局部通风机不许私自开停；运转的局部通风机，不得把手伸进去摸风叶；发现风筒损坏时要及时报告，由通风工进行补修。

(3) 井下机电硐室是要害场所,除专业工作人员或持有相关证件的人员外,其他人员不得随便进入。

(4) 对于井下设备,不准带电进行检修作业。检修前,必须切断电源,并挂有“有人工作,不准送电”牌,任何人不准摘下此牌或送电。井下电缆必须悬挂在巷道两帮上,如果发现电缆掉落在地上,要报告机电人员及时处理。

(5) 井下作业出汗后,不准站在风筒出风口或脱掉上衣光着膀子。不准在井下睡觉,工作期间休息或吃班中餐时,要找安全地点,以免发生危险。

(6) 井下工作必须遵守安全生产的相关法律、法规和煤矿“三大规程”的有关规定,杜绝“三违”现象,搞好安全生产。

七、井下人力推车必须遵守的规定

(1) 一次只准推 1 辆车,严禁在矿车两侧推车。同时推车的间距,在轨道坡度小于或等于 5‰时不得小于 10 m;坡度大于 5‰时不得小于 30 m。

(2) 推车时必须时刻注意前方。在开始推车、停车、掉道、发现前方有人或有障碍物时,或从坡度较大的地方向下推车以及接近道岔、弯道、巷道口、风门、硐室出口时,推车人必须及时发出警告。

(3) 严禁放飞车。当巷道坡度大于 7‰时,严禁人力推车。

第二节 煤矿井下避灾路线

一、安全出口

矿井建设期间的安全出口应当符合下列要求:

(1) 开凿或者延深立井时,井筒内必须设有在提升设备发生故障时专供人员出井的安全设施和出口;井筒到底后,应当先短路贯通,形成至少 2 个通达地面的安全出口。

(2) 相邻的两条斜井或者平硐施工时,应当及时按设计要求贯通联络巷。

每个生产矿井必须至少有 2 个能行人的通达地面的安全出口,各出口间距不得小于 30 m。安全出口应当经常清理、维护，保持畅通。

采用中央式通风的新建和改扩建矿井，设计中应当规定井田边界的安全出口。新建、扩建矿井的回风井严禁兼作提升和行人通道，紧急情况下方可作为安全出口。

井下每一个水平到上一个水平和各个采(盘)区都必须至少有 2 个便于行人的安全出口，并与通达地面的安全出口相连。未建成 2 个安全出口的水平或者采(盘)区严禁回采。

井巷交岔点，必须设置路标，标明所在地点，指明通往安全出口的方向。

通达地面的安全出口和 2 个水平之间的安全出口，倾角不大于 45°时，必须设置人行道，并根据倾角大小和实际需要设置扶手、台阶或者梯道。倾角大于 45°时，必须设置梯道间或者梯子间，斜井梯道间必须分段错开设置，每段斜长不得大于 10 m；立井梯子间中的梯子角度不得大于 80°，相邻 2 个平台的垂直距离不得大于 8 m。

二、井下安全避险系统

煤矿必须建立矿井安全避险系统，对井下人员进行安全避险和应急救援培训，每年至少组织 1 次应急演练。

煤矿安全避险六大系统包括：矿井监测监控系统、井下人员定位系统、井下紧急避险系统、矿井压风自救系统、矿井供水施救系统和矿井通信联络系统等。

矿井监测监控系统可以实现对煤矿井下瓦斯和一氧化碳浓度、温度、风速的动态监控，实现紧急情况下及时断电撤人；井下人员定位系统，可准确掌握各个区域作业人员的情况；救生舱、避难硐室等井下紧急避险系统，可实现井下灾害突发时的安全避险；矿井压风自救系统，确保灾变时现场作业人员有充分的氧气供应；矿井供水施救系统，在灾变后为井下作业人员提供清洁水源或必要的营养液；矿井通信联络系统，保持井上、井下和各个作业地点通信通畅。

所有井工煤矿必须按规定建设完善煤矿安全避险六大系统，入井人员必须会使用煤矿安全避险六大系统。

煤矿井下安全避险六大系统概述	煤矿井下安全设施

三、煤矿井下避灾路线

煤矿根据不同的灾变类型和灾害发生地点而制定的能使井下人员用尽量短的时间、从最近的距离撤到安全地点的路线，称为避灾路线。煤矿井下作业人员必须熟知避灾路线，以便在发生灾害事故时能够安全撤离。

最佳的避灾路线必须满足 3 个条件：一是适合不同的灾害事故；二是安全条件好；三是撤离时间最短。

井下所有工作地点必须设置避灾路线。避灾路线指示应当设置在不易受到碰撞的显著位置，在矿灯照明下清晰可见，并标注所在位置。巷道交叉口必须设置避灾路线标识。巷道内设置标识的间隔距离：采区巷道不大于 200 m，矿井主要巷道不大于 300 m。

煤矿作业人员必须熟悉应急救援预案和避灾路线，具有自救互救和安全避险知识。井下作业人员必须熟练掌握自救器和紧急避险设施的使用方法。班组长应当具备兼职救护队员的知识和能力，能够在发生险情后第一时间组织作业人员自救互救和安全避险。

外来人员必须经过安全和应急基本知识培训，掌握自救器使用方法，经签字确认后方可入井。

第三节　生产现场安全警示标志

一、概述

安全警示标志是指井下悬挂或张贴的图文标志，目的是迅速引起煤矿井下作业人员对现场不安全因素的警觉并采取相应的措施，预防事故的发生。

2006年3月1日施行的《煤矿井下安全标志》(AQ 1017)中规定了煤矿井下传递安全警示信息的安全标志，适用于各类井工开采的煤矿。

煤矿井下安全标志分为主标志和文字补充标志两类。主标志分为禁止标志、警告标志、指令标志和路标、名牌、提示标志。文字补充标志是主标志的文字说明或方向指示，只能与主标志同时使用。文字补充标志基本形式是矩形边框，放在主标志下方，也可放在左侧或右侧。文字补充标志的底色应与联用的主标志底色相统一，其文字的颜色，除警告标志用黑色外，其他标志均为白色。

煤矿井下安全标志牌位置应设在与安全有关的明显的地方，并保证工作人员有足够的时间注意它所表示的内容。煤矿井下安全标志牌应定期清洗，每季度至少检查一次。如有变形、损坏、变色、图形符号脱落、亮度老化等现象应及时修理或更换。

二、禁止标志

禁止标志是禁止或制止人们某种行为的标志。禁止标志为白底、红圈、红斜杠、黑图形符号。煤矿井下常用的禁止标志及设置地点见表4-1。

禁止标志

表4-1 井下常用禁止标志及设置地点

名称	符号	设置地点	名称	符号	设置地点
禁带烟火		煤矿井口及井下	禁止入内		井下封闭区、瓦斯区、盲巷、废弃巷道及禁止人员入内的地点

表 4-1(续)

名称	符号	设置地点	名称	符号	设置地点
禁止酒后入井		人员出入的井口	禁止停车		井下禁止停放车辆的地段
禁止明火作业		禁止明火作业地点	禁止驶入		线路终点和禁止机车驶入地段
禁止启动		不允许启动的机电设备	禁止通行		井下危险区、爆破警戒处、不兼作行人的绞车道、材料道及禁止行人的通道口等
禁止送电		变电室、移动电源开关停电检修等	禁止穿化纤服装入井		人员出入的井口
禁止扒乘矿车		井下运输大巷交叉口、乘车场、扒车事故多发地段	禁止放明炮、糊炮		井下采掘爆破工作面
禁止扒、蹬、跳人车		井下巷道，每隔50 m设一个	禁止井下睡觉		井下各工序岗位和作业区
禁止蹬钩		串车提升斜井上下口	禁止同时打开两道风门		井下巷道风门处

表 4-1(续)

名称	符号	设置地点	名称	符号	设置地点
禁止跨、乘输送带		链板、带式输送机、钢丝绳牵引运输不许跨越的地方，间隔30 m设置	禁止井下随意拆卸矿灯		入井口、井下工作面
禁止井下攀牵线缆		井下敷有电缆、信号线等巷道内			

三、警告标志

警告标志是警告人们可能发生危险的标志。警告标志的基本形状为等边三角形，顶角朝上。警告标志为黄底、黑边、黑图形符号。煤矿井下常用的警告标志及设置地点见表 4-2。

警告标志

表 4-2 井下常用警告标志及设置地点

名称	符号	设置地点	名称	符号	设置地点
注意安全		提醒人们注意安全的场所及设备安置的地方	当心坠入溜井		井下溜煤眼、溜矿井、溜矿仓

表 4-2(续)

名称	符号	设置地点	名称	符号	设置地点
当心瓦斯		井下瓦斯积聚地段、盲巷口、瓦斯抽放地点、巷道冒高处	当心发生冲击地压		井下有冲击地压的作业区域
当心冒顶		井下冒顶危险区、巷道维修地段	当心片帮滑坡		井下有片帮、滑坡危险地段
当心火灾		井下仓库、爆炸物品库、油库、带式输送机、充电室和有发火预兆的地点	当心矿车行驶		井下行人巷道与运输巷道交叉处、井下兼行人的倾斜运输巷道内
当心水灾		井下有透水或水患地点	当心绊倒		井下地面有障碍物,绊倒易造成伤害的地方
当心煤(岩)与瓦斯突出		井下煤(岩)与瓦斯突出危险作业区	当心滑跌		井下巷道有易造成伤害的滑跌地点
当心有害气体中毒		井下 CH_4、CO、H_2S、NO_x 等有害气体危险地点	当心交叉道口		井下巷道交叉口处

表 4-2(续)

名称	符号	设置地点	名称	符号	设置地点
当心爆炸		爆炸物品库，运送炸药、雷管的容器和设备上	当心弯道		井下巷道拐弯处
当心触电		有触电危险部位	当心道路变窄（左、右、正向）		井下巷道前方变窄的地段
当心坠落		建井施工、井筒维修及井内高空作业处			

四、指令标志

指令标志是指示人们必须遵守某种规定的标志。指令标志基本形状为圆形。指令标志为蓝底、白图形符号。煤矿常用的指令标志及设置地点见表 4-3。

指令标志

表 4-3　井下常用指令标志及设置地点

名称	符号	设置地点	名称	符号	设置地点
必须戴安全帽		人员出入井口、更衣房、矿灯房等醒目地方	必须桥上通过		井下设有人行桥的地方
必须携带自救器		入井口处、更衣室、领自救器房等醒目地方	必须走人行道		井下人行道两端
必须携带矿灯		入井口处、更衣室、矿灯房等醒目地方	鸣笛		井下机车通过巷道交叉口处、道岔口和弯道前 20～30 m 鸣笛处
必须穿戴绝缘保护用品		井下变配电所(硐室)	必须加锁		剧毒品、危险品库房等地点
必须系安全带		建井施工处、井筒检修地点	必须持证上岗		井口、配电室、炸药库等必须出示上岗证的地点
必须戴防尘口罩		井下打眼施工、炮烟区			

五、路标、名牌、提示标志

路标、名牌、提示标志是告诉人们目标、方向、地点的标志。路标、名牌、提示标志基本形状为长方形。路标、名牌、提示标志的颜色为绿底(红底或黄底)、白图案(黑图案)、白字或黑字。煤矿井下常用的路标、名牌、提示标志及设置地点见表4-4。

路标、名牌、提示标志

表4-4　井下常用路标、名牌、提示标志及设置地点

名称	符号	设置地点	名称	符号	设置地点
紧急出口(左、右向)		设在井下采区安全出口路线上(间隔100 m)和改变方向处	运输巷道		井下运输巷道
电话		井下通往电话的通道上	指示牌		根据需要自行设置
躲避硐		井下通往躲避硐室的通道及躲避硐室入口处	路标		自行设置
急救站		井下通往急救站通道上	避火灾、瓦斯爆炸路线		井下躲避火灾、瓦斯、煤尘爆炸的通道上

表 4-4(续)

名称	符号	设置地点	名称	符号	设置地点
爆破警戒线		井下爆破警戒线处	避水灾路线		井下躲避水灾的通道上
危险区		井下火灾、瓦斯、水患等危险区附近	避有毒有害气体路线		井下躲避有毒有害气体路线的通道上
沉陷区		井下地表沉陷滑落区	永久密闭		井下废巷、盲巷入口处
前方慢行		井下风门、交叉道口、弯道、车场、翻罐等须减速慢行地点	测风牌		井下掘进、采煤工作面等处
进风巷道		井下进风巷道	炮检牌	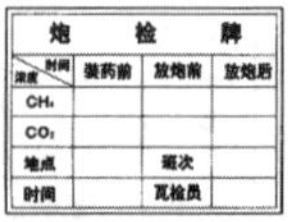	井下采、掘工作面等要求设置的地点
回风巷道		井下回风巷道	瓦斯巡检牌		采、掘工作面等要求设置的地点

第四节　常见“三违”行为及其危害

安全意识就是人们头脑中建立起来的生产必须安全的观念，也就是人们对生产活动中有可能对自己或他人造成伤害的外在环境条件的一种戒备和警觉的心理状态。

一、“三违”的定义

“三违”是指违章指挥、违章作业、违反劳动纪律的简称。“三违”极易导致事故，而事故带来的影响是深远的，损失是难以估量的，会对个人、家庭、企业、社会带来巨大的痛苦和损失。因此，要保障个人的安全健康和家庭的幸福、要保障企业的长治久安和社会的和谐稳定，就要预防各类事故的发生，而预防事故发生的关键就是杜绝违章。

(1) 违章指挥：是指违反国家的安全生产方针、政策、法律、法规、条例、规程、标准、制度及生产经营单位的规章制度和技术方案的指挥行为。

(2) 违章作业：是指在劳动过程中违反国家法律、法规和生产经营单位制定的各项规章制度，包括工艺技术、生产操作、劳动保护、安全管理等方面的规程、规则、章程、条例、办法和制度等，以及有关安全生产的通知、决定的行为。

(3) 违反劳动纪律：是指在劳动生产过程中，违反为维护生产秩序而制定的要求每个员工遵守的规章制度的行为。劳动纪律是多方面的，它包括组织纪律、工作纪律、技术纪律以及规章制度等。

二、“三违”的危害

“三违”现象已成为严重威胁职工生命安全健康，影响企业形象和制约企业安全发展的顽症。“三违”实质上是一种违反安全生产客观规律的盲目行为，安全事故与“三违”有着直接或间接的联系。部分煤矿职工还存在着安全意识不强、法制观念淡薄的情况，导致“三违”现象屡禁不绝，严重地威胁了矿井的正常生产和矿工的生命安全健康，其影响极坏、危害极大。因此，对“三违”现象和行为，绝不能宽恕、忽视，只有坚决与“三违”作斗争，坚决反“三违”，才能确保矿井的安全生产。

三、"三违"常见的表现形式

(1)常见的违章指挥行为。不按照安全生产责任制履行本职工作;不按规定对员工进行安全教育培训;强令员工冒险违章作业;不按照规定审查、批准技术方案和安全措施;不认真执行企业发布的管理程序;新建、改建、扩建项目不执行"三同时"的规定,不履行审批手续;对已发现的事故隐患,不及时采取措施,放任自流等。

(2)常见的违章作业行为。不按规定正确佩戴和使用劳动防护用品;发现设备或安全防护装置缺损,继续作业;不执行规定的安全防范措施,对违章指挥盲目服从,不加抵制;违反规程或安全技术措施作业;不按操作规程、工艺要求操作设备;忽视安全、忽视警告,冒险进入危险区域等。

(3)常见的违反劳动纪律的表现。迟到、早退、擅离职守;工作时间干私活、办私事;上班注意力不集中、消极怠工;工作中不服从分配、不听从指挥;无理取闹、纠缠领导、影响正常工作;私自动用他人工具、设备;不遵守各项规章制度,违反工艺流程和操作规程等。

四、"三违"现象产生的原因

"三违"现象产生的主观原因有:人员安全意识不强,安全作业综合素质不高;不懂规章;存在侥幸、麻痹、自满、马虎、凑合、逆反、应付、从众型等多种心理,认为违章不会造成事故;认为规章制度太烦琐,操作费力费时,抢功图快;个体所受安全教育少、安全作业技能水平较低;作业环境差、劳动强度大、易疲劳,习惯性违章;情绪不良原因,操作失误;认知水平低等。

五、容易发生"三违"行为的因素分析

1."三违"行为发生时间分析

煤矿"三违"行为的发生在时间上、时段上有一定的规律性和集中性。我们对"三违"行为发生时间进行大量统计调查后发现以下规律:

(1)农忙季节,容易发生"三违"行为。

(2)新婚前后,思想难以集中,容易发生"三违"行为。

(3)家中来信、来电说家中出现难题时,思想紊乱、不专心,容易发生"三违"行为。

(4) 家庭闹矛盾时，容易发生“三违”行为。

(5) 倒班前后，容易发生“三违”行为。

(6) 交接班前后，“三违”行为偏多。

(7) 黎明前的一段时间“三违”行为偏多，并且较为严重。

(8) 下午和夜间“三违”行为较多。

(9) 每个班的下半班，“三违”行为普遍要多于上半班。

(10) 人体生物节律处于低潮时，容易发生“三违”行为。

(11) 生产任务紧张时，“三违”行为较多。

(12) 出勤率低的时候，容易发生“三违”行为。

(13) 改变工作场所时，容易发生“三违”行为。

(14) 在生产材料供应不及时或者缺少时，容易发生“三违”行为。

(15) 领导干部调动变化时，容易发生“三违”行为。

(16) 工作面各个工序不协调或各工种进展不均衡时，容易发生“三违”行为。

(17) 领导不在场时，“三违”行为偏多。

(18) 安全检查人员不认真严格检查时，容易发生“三违”行为。

(19) 上级安全质量检查过后，容易发生“三违”行为。

(20) 安全周期延长时，容易滋长麻痹心理，发生“三违”行为。

一些安全先进的煤矿企业在抓安全工作上，把上述容易发生“三违”行为的时间作为重点时间来抓，重点进行督促检查，使这些时间内的事故率大大降低，从而取得了安全工作的主动权。

2. 容易发生“三违”行为的地点、工序、生产环境与方式分析

(1) 综采工作面安装、回撤时。由于设备多、工序复杂、多工种作业、各环节管理难度大，易发生“三违”行为。

(2) 胶轮车运输时。由于车辆多、运输量大、人员驾驶时间长，易发生“三违”行为。

(3) 掘进工作面末节风筒吊挂不合格时。掘进工作面风流不畅通，容易造成瓦斯积聚，易发生职工“三违”行为。

(4) 井下作业环境受到限制时。作业地点狭窄、艰苦、不舒服时，极易发生“三违”行为。

（5）在运输提升工作摘挂车环节中，易发生“三违”行为。

（6）架线电机车行驶在曲线、拐弯及道岔处时，易发生“三违”行为。

（7）在巷道的拐弯处及斜坡处作业时，易发生“三违”行为。

（8）在使用小绞车时，易发生“三违”行为。

（9）采掘工作面爆破作业环节，易发生“三违”行为。

（10）实行包工干活时。包工容易出现单纯追求产量和进度、忽视质量和安全，易发生“三违”行为。

（11）零星岗位、分散工种。零星岗位、分散工种因是单独作业，无人监督，在自觉性较差的情况下，易发生“三违”行为。

（12）个体防护做得不到位时，易发生“三违”行为。

3. 容易发生“三违”行为的人员分析

通过对“三违”人员进行的大量统计调查，我们发现容易发生“三违”的人员主要包括：

（1）粗心大意的人：干活粗糙，毛手毛脚，稀里糊涂，对质量、安全、规定不在乎，马马虎虎。

（2）生产骨干：由于领导器重、工人尊重，出煤、进尺是主力，因而不大在意是否按规程作业。

（3）干活落后的人：由于干活落在后头，急于追赶，忽视了按章办事，加之班（队）长的督促，就会自觉不自觉地违章作业。

（4）个别熟悉情况的人：这种人有一定的经验，凭过去的经验而不顾眼前的条件变化，认为万无一失，凭经验去干。

（5）频繁违章而又幸运没出事的人：因曾违章未出事故而大胆违章。

（6）人事关系好的人：认为即使有小小的违章行为，也不会有人制止和揭发。

（7）有“根子”的人：认为违章被抓到后有“保护伞”，不会受到什么处理。

（8）对干部有抵触情绪的人：往往在单独作业和行动时，因冲动而违章。

(9) 探假前后的人：心情不稳定，精力分散或者心情急躁，思想里恋家、想着回家的事，往往顾此失彼，容易违章作业。

(10) 刚下井的新工人：思想紧张，环境不熟悉，自主保安能力差，面对复杂的环境和隐患容易惊慌失措，诱发违章。

(11) 抱有撞大运思想的人：对违章会出事故持怀疑态度。

(12) 懒惰的人：怕麻烦、图省事，认为按规程作业束缚手脚。

(13) 对规程一知半解的人：没有真正理解规程的要求。

(14) 性格急躁的人：遇事不分析、不检查，急于求成。

(15) 兴奋过度及悲伤过度的人：心理失去平衡，调节机能紊乱。

(16) 家庭负担重的人：往往精力分散，身在曹营心在汉。

(17) 极度疲劳和体力消耗过度的人：失去敏锐的观察力和思维能力，动作迟缓。

(18) 文化程度低的人：理解规章制度和认识事物的能力较差。

(19) 反应迟钝的人：应变能力差，致使有时分不清遵章和违章的界限。

(20) 上花班的人：劳动纪律差，组织观念淡薄，往往对岗位上出现的新情况不了解。

(21) 违法乱纪的人：在井下有不在乎的想法，思想不稳定，铤而走险。

(22) 爆破工：调查发现，违章次数最多的工种是爆破工，特别是爆破人员出勤率低的时候，违章现象更为严重。

六、提升安全意识，杜绝“三违”

(1) “三违”的外在表现是行为，根在思想和意识。所以从思想和意识着手才是根治“三违”的治本之策。根治“三违”的关键，就是要让“三违”人员的安全思想意识认识到位。要以人为本，在关心人、尊重人、保护人上多想办法，多做工作，引导职工不断增强安全意识，规范自身行为，进而成为“想安全、会安全、能安全”的安全人。帮助职工树立正确的安全生产思想观念，提高其安全生产意识，促使职工自觉安全生产。

(2) 对“三违”职工的安全教育方法多种多样，应坚持以人为本。

针对“三违”职工的不同违章心理，分析其“三违”产生的直接原因及深层次原因，及时疏导和消除其违章心理，对职工的教育要动之以情，晓之以理，导之以行。加大安全教育力度，特别是加大对“三违”职工的培训力度，提高其安全知识水平和安全操作技能。只有让职工充分认识到“三违”的严重后果，才能切实增强其安全意识，提高其安全技能，杜绝“三违”现象。

（3）严格安全管理，自觉规范行为。特别对现场安全管理加大力度，严格执行各项规章制度，把遵章守纪、按章作业转化为员工的自觉行动。加强区队、班组管理，加强班组建设，提高区队队干和班组长的安全责任心，落实好各级人员安全生产责任制。开展班组安全联保互保，营造人人争当安全人的浓厚氛围，实现企业的安全生产。

第五节　企业安全文化

煤炭行业属于高危行业，在煤矿企业生产作业过程中，经常面对水、火、瓦斯、煤尘、顶板、冲击地压等自然灾害的威胁，并不时有事故发生，甚至是重特大事故，造成人员伤亡和财产损失。同时，由各种原因造成的井下违章行为（“三违”）目前还难以杜绝，形成诸多安全隐患。这一特点决定了煤矿企业安全发展任重道远，必须把安全放在首位，而企业安全文化建设作为现代企业安全管理的高层次阶段，就是通过建立一套自我完善、自我约束、自我管理、持续改进的安全发展机制，促使企业职工在正确的安全理念和价值观的引导下，统一思想，提高认识，爱惜生命，从我做起，发挥安全生产的积极性和主动性，实现从他律到自律的转变，保障安全生产持续稳定和社会和谐发展。

一、企业安全文化的概念

安全文化是一种组织和人群对安全的追求、理念、道德准则和行为的规范，是被大多数人接受，并形成组织氛围的文化。而企业安全文化是企业在安全生产活动中形成的或有意识塑造的，并为全体职工所接受和遵循的，具有企业特色的安全思想、安全意识、安全作风、安全管理机制、安全行为规范、安全生产目标、安全价值、安全文化素质和安全风貌等各种企业安全物质财富和精神财富的总和。企业安全文化有着鲜明的企业特色和行业特点。目前,很多煤矿企业都比较重视建立自己的企业安全文化,并取得很多好的建设成果。

二、煤矿企业安全文化建设的目标

煤矿企业安全文化建设一般要达到“四化”目标:

(1) 安全管理程序化。安全文化建设要以推动企业安全管理体系更加完善、更加可操作、更加接地气,并与现场安全生产标准化高度融合为目标,不断教育和激励企业现场从业人员上标准岗、干标准活,严格按安全操作标准作业,真正实现煤矿生产的“正规循环作业”。

(2) 安全教育系统化。由于煤矿职工普遍存在文化程度较低、年龄偏大、劳动强度较大等特点,开展安全教育存在诸多困难。另外,由于煤矿安全生产的特殊性和发展理念的变化,相关法规、标准和规程等对现场安全作业的要求越来越严,对职工安全素质的要求越来越高,所以安全文化建设应坚持贯彻“四并重”原则,对安全教育工作提出新的、更高的系统要求和实施目标。

(3) 安全活动个性化。丰富的内容、鲜明的个性是安全文化的生命,整齐划一的程序化管理不能抹杀安全文化的多元性。煤矿安全活动应以区队为主阵地,以丰富多彩的安全活动为载体,将安全教育的内容落到实处,让安全文化入班组、到人头,提升职工的安全思想境界,实现“平安区队”“平安班组”“平安个人”的创建目标,把区队安全文化建设步步推向深入。

(4) 职工行为标准化。煤矿客观环境与人的行为是影响安全生产结果的两个最重要的因素。安全文化建设活动应注重实现“人改变环境,环境塑造人”的目标,以井下文明生产和定置化、标准化管理为突破口,全面创建精品工程,达到人育环境、环境育人的和谐统一。

三、煤矿企业安全文化建设应遵循的原则

从煤矿企业安全文化建设的实践来看,煤矿企业安全文化建设通常应遵循以下三大原则:

(1) 以人为本的原则。安全文化建设应以对事为手段,对人为目标,坚持从煤矿实际出发,既要传承煤矿职工特别能吃苦、特别能战斗的优良传统，又要客观分析本企业职工各种习惯性违章和其他安全“陋习”产生的原因和影响，通过深入细致的文化建设活动，逐步予以整改和消除。同时，也应不断宣传和渗透现代安全理念、思想和价值观、行为观等，把职工的个人需求和梦想与企业的安全发展高度融合。

（2）与时俱进的原则。一切事物都是在发展变化中形成并完善的，与时俱进涵盖了事物发展变化规律的基本要求。煤矿企业安全文化建设的方略要随着煤矿形势的发展变化而发展变化，要在继承优良传统的基础上总结，提炼企业特色工作和成功经验，创新工作方法，实现共性和个性、内容和形式的有机结合。

（3）务求实效的原则。安全文化建设应立足于职工思想状况和行为特征方面存在的各种问题，立足于企业改革发展和生产经营实际，立足于实实在在地提升企业安全管理水平，促进企业安全平稳发展，使企业安全文化建设真正做到定格于册、内化于心、固化于制、外化于行、表化于效。

四、煤矿企业安全文化建设的实施途径

很多优秀企业长期的安全文化建设实践表明，富有实效的实施途径一般集中体现在以下五个方面：

（1）优化作业环境，筑牢安全基础。加强煤矿安全文化建设，必须努力创造一个良好稳定的安全生产作业环境。当前重要抓手之一就是搞好矿井安全生产标准化，建立安全风险等级预控和隐患排查治理“双预控”机制，以及落实好全员安全生产责任制，从本质上解决职工作业环境和健康、环保达标问题，不断改善生产作业环境、办公环境和生活环境，增大安全系数，提高抗风险能力。

（2）加大宣传力度，营造安全氛围。建立健全安全宣教体系和线上、线下同步运行系统，坚持正确的舆论导向，采取多种生动有效的形式和方法，不断营造浓厚的安全文化宣传氛围。

（3）加强教育培训，提升安全素质。坚持以人为本，把提高职工的安全文化素质作为加强企业安全文化建设的着眼点和落脚点。开展全员安全生产责任制、风险分级管控和隐患排查治理以及应急救援培训，不断提高广大职工自主安全意识、责任履行能力以及对事故的应变能力和防灾抗灾能力。

(4) 完善安全机制，强化安全管理。要建立健全安全生产管理制度，建设企业安全制度文化，使煤矿安全生产管理有章可循、有章可依，逐步走上制度化、规范化的轨道。

(5) 开展安全活动，丰富安全内涵。要根据企业自身特点，因企制宜、因时制宜，积极开展形式多样、生动活泼的安全活动，特别是开展好“安全月”活动，保证年年有主题、季季有重点、月月有活动，不断丰富安全文化建设的内涵，营造浓厚的安全文化氛围。

总之，煤矿企业安全文化建设是一项复杂的系统工程，是实现安全生产科学化管理的重要途径，是引导煤矿企业安全生产发展方向的一项基础性、战略性的工程，涉及企业党政工团各个部门和单位，不能孤立地推行。

五、煤矿职工对安全文化建设活动的认识存在的不足之处

在对安全文化建设活动的认识上，煤矿职工一般存在以下不足：

(1) 缺乏对安全文化建设的功效认识。煤矿井下一线职工大多是农民工，由于他们文化水平相对偏低，对安全文化建设内涵认识不够，侥幸心理比较严重，缺乏细节决定成败的理念，缺乏质量意识和标准化思想，所以不能充分认识安全文化建设的功效和作用，造成参与活动的主动性不高，疲于应付和走形式。

(2) 对安全文化认识有偏颇，甚至是存在抵触情绪。很多企业安全文化建设进行了多年，但仍然有一部分职工甚至个别区队长、班组长对安全文化认知不到位，认为是搞形式，影响生产、影响进度、影响收入，以致很多安全文化活动内容不能充分落实。

(3) 偏重于“物”的安全管理。有些职工包括部分管理人员，只看重安全硬件建设，忽视人的因素，认为煤矿要想安全就得有先进的机器设备，有规章制度约束就可以了。有些人就顶板问题抓顶板，就瓦斯问题抓瓦斯，时常忽略人在安全生产中的主体地位和作用。

(4) 看重传统做法和经验。一些职工，尤其是老职工对安全文化建设的思想、理念、做法等难以真正接受，就是抱着传统的经验和做法，认为过去就是这么干的，井下搞安全文化建设费时费力，没什么用，把煤采出来就行，安全文化活动不能当饭吃，在安全文化建设活动中自己把自己边缘化了。

第六节　职业道德

一、职业道德概述

首先从“职业道德修养”的字面意思上来探讨这六个字的含意。“职业”是指个人在社会中所从事的作为主要生活来源的工作。也就是说一个人要想生存就得工作，通过工作来换取生存下去的条件。“道德”是社会意识形态之一，是人们共同生活及其行为准则和规范。“道德”通过人们的自律或通过一定的舆论对社会生活起约束作用，“职业道德”就是人们在一起工作学习的一种准则和规范。“职业道德”后面为什么要加“修养”二字呢？“修养”是一个相当广泛的概念，从广义上说“修养”是指人们在政治、思想、道德品质、科学技术、知识技能等方面所进行的勤奋学习和提升涵养的功夫，以及经过努力和培养所达到的水平。“修养”涉及人生的方方面面，并与人生共始终。无论何人，无论从事何种职业，担任何种工作职务，也无论处在哪种境遇或者哪个年龄段，都需要和“修养”结缘。少有所学、老有所成，增长知识、才干、阅历，辨别善恶、是非、美丑，乃至修正错误等，都离不开“修养”。

把职业道德修养和安全生产联系到一起，是因为职业道德是工作学习的一种准则规范，就安全生产在企业文化中的主导地位来说，也是一种安全生产准则，这也是企业经营机制的基础和重要组成部分。企业职工需要增强职业道德的自我修炼，否则会导致规章制度和安全措施得不到有效执行，致使其安全意识淡薄，违章指挥、违章作业甚至蛮干，以致出现伤亡或误操作事故。

因此，职业道德就是通过职工学习来增强其责任感、使命感，用企业安全准则来约束自己，用安全规程来规范安全生产工作。企业职工通过自身修炼增加知识和安全生产阅历，把安全生产这棵大树的树根深深扎到思想中去，牢固树立安全生产重于泰山的理念。

职工应遵循公民高尚道德标准和行为准则，树立起优秀的责任感；

为社会和企业的和谐承担责任，为社会和企业的安全承担责任，为社会和企业的发展承担责任；发扬顾全大局、诚实守信、互助友爱、扶危济困的精神。

职业道德不仅是个人行为，也是代表着企业文化对外的一扇窗口，是文化氛围的展现，职工优秀的道德修养也就是一个企业的无形资产。强化职业道德，造就良好的行为风尚，将对企业风貌产生积极的影响。职业道德和法律的区别在于法律是国家制度的一种强制力，用强制力来制约行为达到规范行为的目的，而职业道德是通过自身修炼学习，自觉遵循行为规范。

法律体现国家制度的强制力，职业道德体现个人思想对行为的支配力。法律是国家制度强制力的导航仪，一旦迷失航线就失去了公民权利的底线；道德行为是个人通过学习知识、增长阅历来辨别善恶是非，从思想上认识什么能做，什么不能做。只有提高职业道德修养，才能清楚是非善恶，才能通过自身修炼建立起思想堡垒，拥有自控能力。有了高尚的职业道德情操，自然就有了爱岗敬业的思想，从而热爱本职工作，刻苦钻研工作技术；有了工作热情就会全身心地投入创新、完善技术、提高技能，有力地保障安全生产，把安全生产隐患降到最低点。

二、煤矿工人职业道德涵盖的内容及其作用

煤矿工人职业道德所涵盖的内容，除应遵守一般的职业道德外，还应包括以下几点内容：以人为本、安全为天；爱岗敬业、吃苦耐劳；遵章守纪、作风严谨；团结协作、风雨同舟。

煤矿工人职业道德除了职业道德的普遍作用之外，还有以下作用：有利于规范煤矿工人的职业行为，养成良好的职业习惯和安全生产习惯；有利于培养煤矿工人的职业情感，使他们爱岗敬业，干一行爱一行；有利于培养煤矿工人的职业意志，使他们具备不怕苦、不怕累、特别能战斗、特别能奉献的精神和品格。

第五章　煤矿生产基础知识

第一节　煤矿生产概况

一、矿井概述

井巷工程包括井筒、井底车场巷道及硐室、主要石门、运输大巷、采区巷道和回风巷道等全部工程。井巷工程施工主要特点是:作业空间狭小、通风照明条件差、噪声大、劳动条件恶劣。同时,井巷经常要穿过各种不同的岩层,地质条件复杂,潜在的不安全因素多,危险性大,会发生冒顶、片帮、透水、爆炸、机械伤害、尘毒危害等事故,造成人员伤亡和财产损失。因此,煤矿安全生产必须十分重视井巷掘进的安全问题。

二、矿井开采方式

矿井开采方式分为地下开采、露天开采和地下与露天联合开采。地下开采是通过地下巷道工程把矿床划分为井田、阶段(或盘区)、矿块(或矿段)进行开采工作;露天开采是使用采、装、运设备,在敞露的空间从事开采工作;联合开采则是上部或浅部用露天开采方式,深部用地下开采方式。确定合理的开采方式是矿山总体设计中的重要问题,取决于许多因素,其中矿体埋藏深度、规模、产状、空间分布、地形、地貌以及施工技术水平和机械设备等因素极为重要。

第二节　煤 矿 地 质

一、煤层的埋藏特征

(1) 煤的形成与煤系

煤是由地质历史上植物遗体演变而形成的。在地质历史上的成煤时期，死亡的植物遗体堆积在湖泊、沼泽底部，在细菌参与的生物化学作用下，变成泥炭层。随着时间推移，地壳继续缓慢下沉，泥炭层在压力和温度的作用下，逐渐失去水分而变得致密，这时，泥炭就变成了褐煤。随着地壳继续下沉，褐煤在地下深处受到高温和高压的作用，逐渐变成烟煤。随着变质程度的进一步升高，烟煤变成无烟煤。如图 5-1 所示。

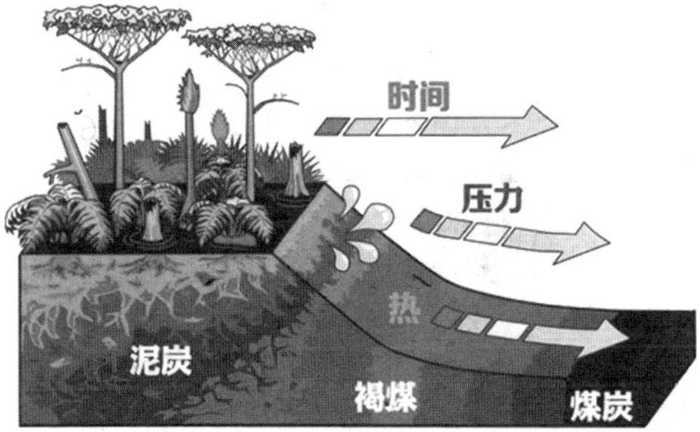

图 5-1　煤炭形成示意图

在煤的形成过程中，煤层上下会同时形成许多岩层。这些夹有煤层的岩层是在同一成煤时期形成的，通常称为某一地质年代的煤系地层。煤系是指含有煤层的沉积岩系，又称含煤地层，它们彼此间大致连续沉积，并在成因上有密切联系。

(2) 煤层厚度

煤层顶、底板之间的垂直距离，称为煤层厚度。煤层厚度相差很大，是影响采煤方法的主要因素之一。根据煤层结构的不同，煤层厚度分为总厚度、有益厚度和可采厚度。总厚度是指煤层顶、底板间各分煤层厚度和各夹层厚度的总和；有益厚度是指煤层顶、底板间各分煤层厚度的总和；可采厚度是指达到国家规定的最低可采厚度以上的煤层厚度或煤分层厚度之和。

根据煤层厚度对开采技术的影响，可将煤层分为以下 3 类：

① 薄煤层：厚度为 1.3 m 以下的煤层。

② 中厚煤层：厚度为 1.3～3.5 m 的煤层。

③ 厚煤层：厚度大于 3.5 m 的煤层。

在煤矿生产中，习惯上将厚度大于 6 m 的煤层称为特厚煤层。

(3) 煤(岩)层产状

煤(岩)层在空间的产出状态，称为煤(岩)层产状。倾斜煤层的产状，可以用煤层层面的走向、倾向和倾角 3 个要素的数值表示，称为煤层的产状要素，如图 5-2 所示。

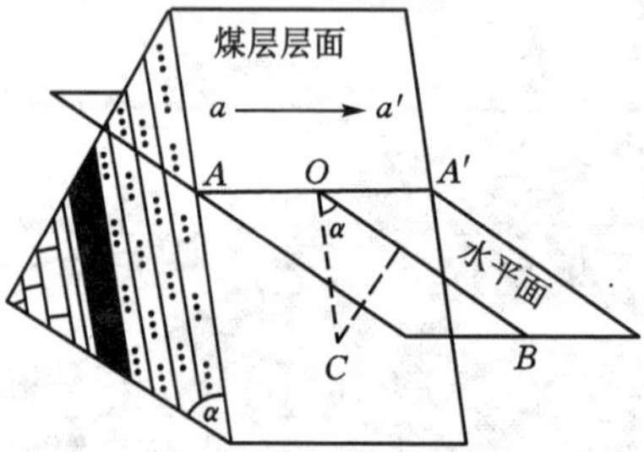

AA'—走向线；aa'—走向；OB—倾向线；OC—倾斜线；α—煤层倾角。

图 5-2 煤层产状要素

① 走向。倾斜煤(岩)层层面与水平面的交线称为走向线，如图 5-2中 AA'所示。走向线是煤层面上的一条水平线，表示煤层在水平面上的延展方向，它的两端延伸方向为煤层的走向。

② 倾向。在煤层层面上，与走向线垂直并沿层面倾斜向下引出的直线称为倾斜线，如图 5-2 中 OC 线。倾斜线在水平面上的投影线所指煤层倾斜一侧的方向为煤层的倾向，如图 5-2 中 OB 所示。

③ 倾角。倾角是指煤层面和水平面之间的夹角，如图 5-2 中的 α 所示。

煤层倾角对采煤方法的选择影响极大。一般来讲，倾角越小，开采越容易；倾角越大，开采越困难。根据煤层倾角对开采技术的影响，可将煤层分为以下 4 类：

① 近水平煤层：倾角在 8°以下的煤层。

② 缓倾斜煤层：倾角为 8°～25°的煤层。

③ 倾斜煤层：倾角为 25°～45°的煤层。

④ 急倾斜煤层：倾角在 45°以上的煤层。

(4) 煤层顶板与底板

煤多以层状的形态赋存于地下，并与上、下岩层有明显的分界面。位于上、下两个界面之间的煤及其所夹的矸石层称为煤层，赋存在煤层之上的邻近岩层称为煤层的顶板；赋存在煤层之下的邻近岩层称为煤层的底板。

根据顶板在煤层开采中垮落的难易程度及其与煤层的相对位置，将顶板分为基本顶、直接顶和伪顶 3 种类型，如图 5-3 所示。

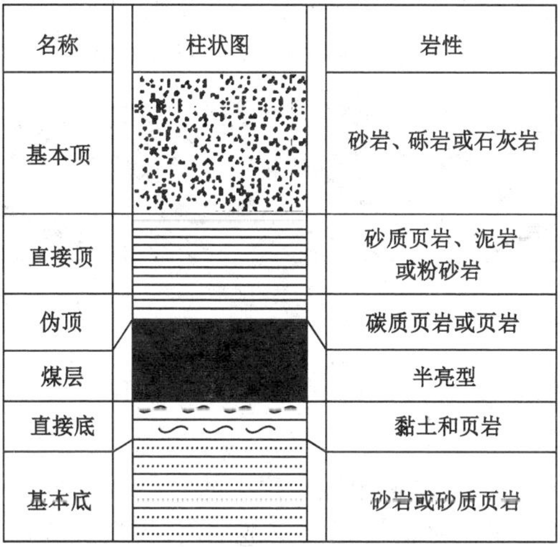

图 5-3　煤层顶、底板类型

① 伪顶。伪顶是指直接位于煤层之上的较薄岩层，极易破碎，随采随落。通常为碳质页岩、页岩等，厚度一般在 0.5 m 以下。

② 直接顶。直接顶是指位于伪顶之上或直接位于煤层之上(煤层没有伪顶时)的一层或几层岩层，通常由砂质页岩、泥岩、粉砂岩等比较容易垮落的岩层组成。直接顶在煤层采动后随支柱回收或移架而自行垮落，有时需要人工放顶。

③ 基本顶。基本顶是指位于直接顶或煤层之上，通常为厚度较厚、岩石强度较大、难以垮落的岩层，通常由砂岩、砾岩或石灰岩等

组成。

根据煤层底板的性质、煤层底板与煤层的关系,煤层底板可分为直接底和基本底 2 种类型。

① 直接底。直接底是指直接位于煤层之下的岩层,一般由黏土和页岩组成。其主要特点为遇水容易膨胀,引起底鼓现象。

② 基本底。基本底是指位于直接底或煤层之下的岩层,一般由砂岩或砂质页岩等坚固的岩层组成。

二、地质构造

由地壳运动形成的岩层空间形态称为地质构造,可分为单斜构造、褶皱构造和断裂构造 3 种基本类型,如图 5-4 所示。

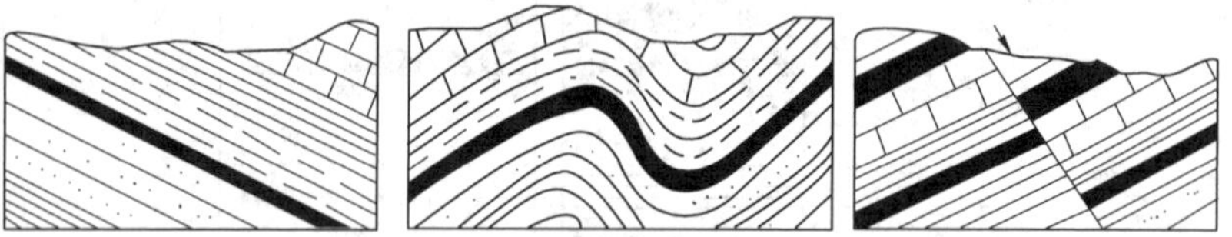

单斜构造　　褶皱构造　　断裂构造

图 5-4　地质构造

(1) 单斜构造

由于地壳运动的影响,地壳表层中的岩层绝大部分是倾斜的,极少数是水平的或接近水平的。在一定范围内,煤层或岩层大致向一个方向倾斜,这样的构造形态称为单斜构造。单斜构造往往是其他构造形态的一部分,或是褶曲的一翼,或是断层的一盘。

(2) 褶皱构造

岩层受地壳运动水平力的作用发生变形,呈现波状弯曲,但仍保持了岩层的连续性和完整性的构造形态,称为褶皱。褶皱构造中岩层的任何一个弯曲叫褶曲,褶曲是组成褶皱的基本单位。褶曲有两种基本形态:背斜和向斜。

(3) 断裂构造

岩层受力后遭到破坏,发生断裂,失去了连续性和完整性的构造形态叫断裂构造。

根据岩层断裂后两侧岩块有无显著位移，可把断裂构造分为节理和断层两大类。

第三节　煤矿开拓

一、露天开采与地下开采

根据煤层的赋存条件和开采技术条件，煤矿的开采方法分为露天开采和地下开采 2 种。

露天开采就是移走煤层上覆的岩石及覆盖物，使煤敞露地表而进行开采，其中移去土岩的过程称为剥离，采出煤炭的过程称为采煤。露天采煤通常将井田划分为若干水平分层，自上而下逐层开采，在空间上形成阶梯状。这种方法的劳动条件好，安全性也较高，是我国着重在发展的煤炭开采方法。煤层较浅时常使用露天开采。

如果煤层埋藏较深，露天开采不可能或者不经济，那就需要采用地下开采。地下开采就是开挖一系列井巷进入深部矿体，并把煤炭开采出来的过程。目前，我国的煤矿生产中，地下开采是主要的开采方式。

二、矿井储量

井田范围内煤炭的埋藏量称为矿井储量。

三、矿井生产能力

矿井生产能力指矿井一年内能生产煤炭的量，按生产能力大小可把矿井分为大型矿井、中型矿井和小型矿井。

四、矿井开拓方式

矿井开拓指在矿井范围内，从地表向地下开掘一系列井巷进入矿体，并建立矿井提升、运输、通风、排水及动力供应等生产系统，如图 5-5 所示。

(1) 平硐开拓：利用水平巷道由地面进入煤层进行开采的方式。按平硐与煤层的相对位置可分为走向平硐、垂直平硐和斜交平硐。

(2) 斜井开拓：利用倾斜巷道由地面进入，并通过一系列巷道到达煤层的一种开拓方式。最主要的有 2 种，即片盘斜井和斜井单水平分区式开拓方式。

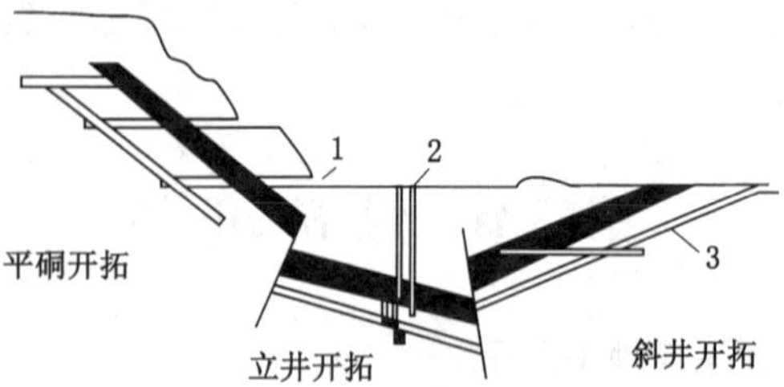

1—平硐；2—立井；3—斜井。

图 5-5 矿井开拓方式

(3) 立井开拓：利用垂直巷道由地面进入，并通过一系列巷道到达煤层的一种开拓方式。

(4) 综合开拓：利用上述 2 种或 3 种方式来开拓一个井田，这种开拓方式称为综合开拓。

五、矿井巷道分类

在煤矿地下开采中，为了提升、运输、通风、排水、动力供应等需要而开掘的井筒、巷道和硐室总称为矿山井巷，如图 5-6 所示。

(1) 矿山井巷根据井巷的长轴线与水平面的关系可以分为直立巷道、水平巷道和倾斜巷道 3 类。

① 直立巷道：巷道的长轴线与水平面垂直，如立井、暗井等；

② 水平巷道：巷道的长轴线与水平面近似平行，如平硐、平巷、石门等；

③ 倾斜巷道：巷道的长轴线与水平面有一定夹角，如斜井、上山、下山、斜巷等。

(2) 按巷道的用途和服务范围分类，常见巷道可分为开拓巷道、准备巷道和回采巷道。

① 一般来说，为全矿井、一个水平或若干采区服务的巷道，如井筒、井底车场、主要石门、运输大巷和回风大巷(或总回风道)、主要风井，称为开拓巷道。

② 为一个采区或数个区段服务的巷道，如采区上下山、采区车场、采区硐室，称为准备巷道。

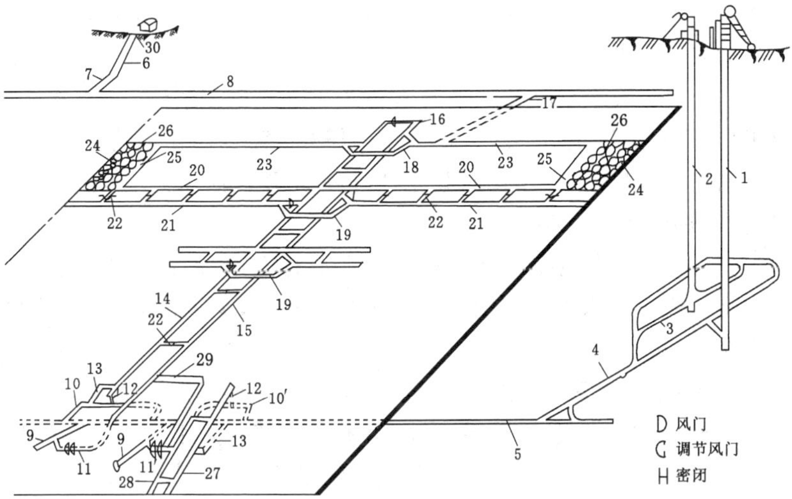

1—主井；2—副井；3—井底车场；4—主要运输石门；5—主要运输平巷；6—风井；7—主要回风石门；8—主要回风平巷；9—采区运输石门；10—采区下部装煤车场；11—采区下部材料车场；12—采区煤仓；13—行人进风巷；14—运输上山；15—轨道上山；16—上山绞车房；17—采区回风石门；18—采区上部车场；19—采区中部车场；20—区段运输平巷；21—下区段回风平巷；22—联络巷；23—区段回风平巷；24—开切眼；25—采煤工作面；26—采空区；27—运输下山；28—轨道下山；29—下山回风联络巷；30—风硐。

图 5-6 矿井巷道系统

③ 仅为采煤工作面生产服务的巷道，如区段运输平巷、区段回风平巷、开切眼，称为回采巷道。

六、各类巷道的作用

(1) 立井又称竖井，为直接与地面相通的直立巷道。专门或主要用于提升煤炭的井叫作主井。主要用于提升矸石、下放设备器材、升降人员等辅助提升工作的井叫作副井。暗立井又称盲竖井、盲立井，为不与地面直接相通的直立巷道，其用途同立井。

(2) 平硐是直接与地面相通的水平巷道。它的作用类似于立井，有主平硐、副平硐、排水平硐和通风平硐等。

(3) 平巷是与地面不直接相通的水平巷道，其长轴方向与煤层走向大致平行。平巷布置在煤层中的称为煤层平巷,平巷布置在岩层中的称为岩石平巷。

(4) 为开采水平服务的平巷常称为大巷,如运输大巷。直接为采煤工作面服务,以担负煤炭运输为主要任务的平巷叫作运输平巷(也称下顺槽)。直接为采煤工作面服务,以担负工作面回风为主要任务的平巷叫作回风平巷(也称上顺槽)。

(5) 石门是与地面不直接相通的水平巷道,其长轴线与煤层直交或斜交。为开采水平服务的石门称为主要石门,为采区服务的石门称为采区石门。

(6) 采区上、下山是指服务于一个采(盘)区的倾斜巷道,上山用于开采其开采水平以上的煤层,下山用于开采其开采水平以下的煤层。安装输送机的上、下山叫作运输上、下山,铺设轨道的上、下山叫作轨道上、下山,用作通风、行人的上、下山叫作通风行人上、下山。

(7) 硐室是空间上 3 个轴线长度相差不大且又不直通地面的地下巷道,如绞车房、变电所、煤仓等。

第四节　煤矿生产系统

一、巷道施工概述

巷道是指在煤矿建设和生产过程中,为进行采掘工作而在相关煤层或岩层中开凿的水平或倾斜的空硐(不包括井筒和硐室)。巷道是煤矿组织生产的重要场所,是实现煤炭生产的先决条件之一。

巷道工程是矿井井巷工程中最重要的工程之一。但由于巷道施工长期受其围岩条件、施工空间、施工自然条件、施工设备、施工技术、施工人员水平和施工组织等因素限制,使得巷道施工在质量、成本和安全管理上不能充分发挥各自的施工优势。如在煤矿建设期间,巷道工程量占整个矿井井巷工程量的 85%以上,施工工期占整个建井总工期的 60%左右;在煤矿生产期间,巷道工程量始终控制着矿井生产规模。因此,巷道工程施工水平、施工安全、施工速度,成为衡量巷道施工的关键指标。

近年来，我国巷道施工，无论是在施工理念、施工组织上，还是在施工方法、机械设备、材料工艺上，都发生了巨大的变化，使巷道施工在质量、安全和速度上都有了一个质的飞跃。我国巷道平均施工速度从20世纪70年代的40 m/月左右提高到现在的300～500 m/月；施工机械从人工钻眼、人工装运岩石、砌碹支护到钻眼、岩石装运和支护全部实现机械化；巷道施工支护材料从料石到钢筋混凝土；施工管理理念从粗放型到集约型；施工方法从以人工为主到以机械为主；施工队伍从单一掘进队到综合掘进队。

二、巷道分类

(1) 巷道按其断面岩石的组成不同分为岩巷、煤巷和半煤岩巷。

(2) 巷道按其施工的角度不同分为平巷、斜巷和立井。

(3) 巷道按其施工的方法不同分为钻爆法施工巷道和机械法施工巷道。

三、巷道施工方法及工序

根据巷道围岩的强度、整体性、含水量及其他地质条件，巷道施工方法可分为钻爆法和机械法。

巷道施工主要由掘进和支护两道工序组成，在巷道具体施工中又将掘进工序细分为破岩、岩石装运两道工序，故巷道施工由破岩、岩石装运和支护三大工序组成。受巷道所处位置的岩性和水文地质条件、施工方法、施工设备和施工人员水平等因素的影响，在各工序中将采取不同的方法进行施工。

(一) 破岩

破岩是巷道施工的第一道主要工序，即采用一定的方法和设施将巷道所处位置中的岩石掏出，为后续的岩石装运和巷道支护工作做好准备，使巷道空间能够满足矿井生产需求。

巷道施工中通常采取钻爆法和机械法破岩。

1. 钻爆法破岩

钻爆法破岩即采用钻眼、装药、爆破的方法破碎岩石，采用机械方法装运岩石，人工或人工配合机械支护巷道的方法。它是目前巷道施工采用的主要方式，在岩巷掘进中使用最为普遍。进行爆破破岩必须先钻出炮眼，然后再安放炸药，进行爆破。

(1) 钻眼

钻眼工作需要使用钻眼机械。钻眼机械按使用的动力不同可分为气动凿岩机、电动凿岩机、液压和内燃凿岩机；按破岩机理不同可分为冲击式凿岩机、旋转式凿岩机和旋转冲击式凿岩机。

井巷掘进中，在岩石中钻眼主要采用冲击式钻眼法，在煤层中钻眼主要采用旋转式钻眼法。

① 冲击式凿岩机

冲击式凿岩机是以压缩空气为动力的钻孔机械，按其安设与推进方式可分为手持式、气腿式、向上式和导轨式 4 种，使用最普遍的是气腿式凿岩机。

气腿式凿岩机的机身下有一个气腿，起支撑与推进作用，主要用来钻凿水平和倾斜的炮眼。由于操作灵活、适应性强，使用最为广泛。定型产品有 YT-23 型(原 7655 型)和 YT-24 型等。现以 YT-23 型凿岩机为例，说明其构造和动作原理。

YT-23 型凿岩机的外形如图 5-7 所示。主机由柄体、缸体和机头 3 个部件组成，利用两根螺杆固装在一起。

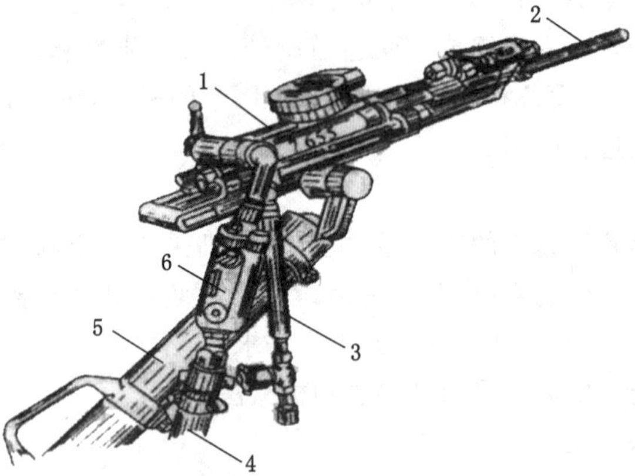

1—凿岩机主机；2—钎子；3—水管；4—压气软管；5—气腿；6—注油器。

图 5-7　YT-23 型气腿式凿岩机

柄体又名后盖，它由柄体、把手、水针、操纵阀、水阀、换向阀、调压阀等部件组成。操纵阀控制机器运转；调压阀掌握气腿的推力；换向阀控制气腿的减压放气。机身由缸体和缸体内的棘轮、螺旋棒（来复棒）、阀柜、阀、阀套、活塞、导向套、消音罩等组成，依靠这些部件，实现配气、冲击和转钎动作。机头部分由机头、转动套、钎尾套和钎卡等组成，起着传递扭矩和卡钎的作用。

提高凿岩效率是凿岩工作的中心问题，其主要措施如下：

a. 合理选择与正确使用凿岩机。司机操作要熟练，并要加强保养与维修凿岩机，保证凿岩机正常运转。

b. 保证气压。工作面供风压力应不低于 0.5 MPa。实践表明，气压提高或降低 0.1 MPa，相应的钻速就能提高或降低 30%左右。因此，必须尽量减少管路损失，防止压气漏损，进气胶管不要过长，气压过高不好，它会引起凿岩机剧烈振动，使零部件磨损加快，耗气量增大。同时，要合理确定凿岩机工作台数。

c. 合适的轴向推力。轴向推力不足，钎头不能有效地接触和破碎岩石，同时还会使机体振动，容易损坏钎子和机件；轴向推力过大，增加了钎子回转阻力，降低回转速度和冲击功，甚至引起停钻。在一定条件下，各类凿岩机均有相应的最优轴推力，轴推力大小主要取决于凿岩机的汽缸直径和使用气压。若汽缸直径大、气压高，则所需施加的轴推力大。如 YT-23、YT-24 型凿岩机的轴推力需 800～1 000 N，YT-26 型凿岩机需 1 200～1 300 N。气腿的支设角度以 30°～45°为宜。

d. 正确确定眼径和眼深。炮眼直径和深度加大，钻速必然下降，气腿式凿岩机适合的炮眼直径为 38～46 mm，眼深不宜超过 5 m。

e. 改善劳动组织，提高凿岩的工时利用率，减少辅助作业时间。

f. 快速排除故障。在凿岩过程中，不可避免地会出现故障，及时消除故障是保证钻眼工作顺利进行和提高凿岩工时利用率的重要措施。因此，必须熟悉各种故障产生的原因，掌握其处理方法。

② 旋转式凿岩机

旋转式钻眼机械有电动、气动、液压驱动 3 种，大量使用的是电动旋转式凿岩机，又简称电钻。电钻按使用条件和推进方式，分为手持式煤电钻和支架式岩石电钻两种。煤电钻由于正处于逐步淘汰阶段，故重点介绍岩石电钻。

岩石电钻由于电机容量大、质量大，钻进时需要很大的轴推力，故必须有自动推进与支撑设备。岩石电钻安装在特制的导轨上，由电动机、减速箱、牵引装置、机壳和供水装置组成（图 5-8）。电动机经减速后带动蜗轮蜗杆，通过摩擦离合器，带动链轮在链条上正反转动，从而带动岩石电钻沿导轨前后移动。

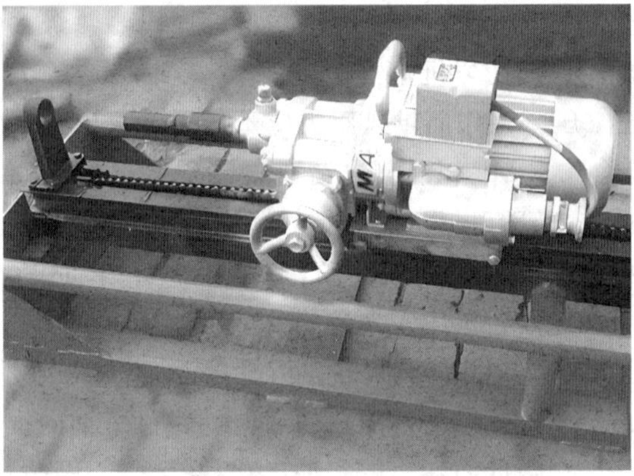

图 5-8　岩石电钻

岩石电钻采用六角中空钢钎、湿式钻眼，其破岩方式为旋转式。在坚硬的岩石中使用时，要有很大的轴推力和旋转力矩，而且钻头极易磨损，故效率难以提高。在 $f=4\sim6$ 的岩石中钻眼比较适宜。影响旋转式电钻钻眼速度的因素有以下几点：

a. 轴推力与钻速的关系。钻头在轴推力逐渐增大时，钻入岩石的深度呈跳跃式增加，当压力小于某一临界值时，岩石只发生弹性或塑性变形，并不破碎。因此，轴推力和钻速的关系也是跳跃式的。

b. 电钻电机转速对钻速的影响。最优转速的数值取决于岩石的坚固程度，岩石越坚硬最优转速值越小。

c. 在不同轴推力和转速条件下，所消耗的功率和钻速的关系。在实际工作中，应选择最优的电钻电机转速，不要过分加大转速，轴推力也要适当加大，否则既费力又耗能，钻速反而下降。

（2）爆破

装药爆破是岩石破碎的一道重要工序，它是采用在炮孔中安设炸药，通过炸药爆炸产生的能量对巷道围岩进行冲击破碎，从而达到破岩的目的。在采用钻爆法掘进巷道时，按炮眼位置和作用不同分为掏槽眼、辅助眼和周边眼，其施工工艺参数往往是以钻爆工序为主，配合其他工序而确定的。钻爆参数主要包括炮眼深度、炮眼直径、炮眼数日、装药量、炮眼布置等内容。

钻爆技术主要包括岩巷光面爆破技术、毫秒爆破技术、断裂控制爆破技术等。高效能装岩机具和装岩台车的推广使用，为加大炮眼深度、提高钻眼速度提供了可靠的保证。深孔光面爆破技术已成为目前钻爆技术发展的主要方向。

巷道掘进时，必须按爆破作业图表所标定的眼位、方向、角度和深度进行钻眼。由于爆破工序主要由井下爆破作业人员进行，这里不做过多阐述。

2. 机械法破岩

机械法利用掘进机对巷道围岩进行冲击破碎，从而达到破岩的目的。机械法破岩主要采用掘进机进行施工。

掘进机可分为两类：一类是欧洲国家普遍使用的悬臂式掘进机，其适应范围广，但掘进、支护不能平行作业，掘进效率低，开机率亦低；另一类是以美国和澳大利亚为代表的连续式采煤机和掘锚机组，两者均可实现煤巷快速掘进，开机率较高，掘进效率亦高。我国目前仍以悬臂式掘进机单巷掘进为主，按其破落煤岩的方式不同，悬臂式掘进机分为纵轴式掘进机和横轴式掘进机两类。

我国现在常用的掘进设备以 EBZ 型掘进机为主，断面可一次或者分层施工，开挖断面自由，安全高效，如图 5-9 所示。

另一种高效的掘进设备是全断面矿用盾构机，又称 TBM 掘进机，利用复合式刀盘一次破岩成洞，可实现“同步掘进、同步支护、同步铺底”三大功能，如图 5-10 所示。

图 5-9　EBZ 型掘进机

图 5-10　TBM 掘进机

（二）岩石装运

岩石装运（简称装岩）就是将破碎的岩石装运出施工地点，以便进行巷道支护工作。在装岩工序中可以采用人工和机械两种方法进行岩石的装运工作，但人工装岩效率低、速度慢、工人体力消耗大、劳动环境差，故很少采用；现多采用机械方法进行岩石装运工作。

装岩是巷道掘进作业中繁重而又费时的工序，一般占掘进循环时间的 35%～50%。因此，为提高装岩机械化水平及其生产率，选择配套适宜的装运设备，组成合理的装岩作业线是很重要的。

装岩工作包括工作面装岩和调车运输两项工作。这两项工作必须做到配备人员适当、协调一致、操作熟练、机械故障少等才能取得较好的效果。

装岩前必须检查顶板及两帮、消除悬石、修理支架、检查电力供应线路、清理轨道，使工作面处于安全状态。

1. 装岩机的类型

装岩机的类型较多，如按用途可分为平巷用、斜巷用、装煤用、装岩用 4 种；按行走机械分为轮轨式、履带式、轮胎式 3 种；按使用的动力分为电动、风动、内燃机驱动等；按工作机构分类更多，其中井下常用的有铲斗式、耙斗式、蟹爪式和立爪式等。

(1) 铲斗式装岩机。铲斗式装岩机有后卸式和侧卸式两大类，其工作原理和主要组成部分基本相同。一般包括铲斗、行走、操作、动力几个主要组成部分，工作时依靠自身质量及运动所产生的动能，将铲斗插入碎石，铲满后将碎石卸入转载设备或矿车中，工作过程为间歇式。

(2) 耙斗式装岩机。耙斗式装岩机是一种结构简单的装岩设备，动力为电力，行走方式为轮轨式。它不仅适用于水平巷道装岩，也可用于倾斜巷道和弯道装岩，近年来在煤矿系统得到了广泛应用。耙斗式装岩机主要由绞车、耙斗、台车、挡体、滑轮组、卡轨器、固定楔等部分组成，如图 5-11 所示。

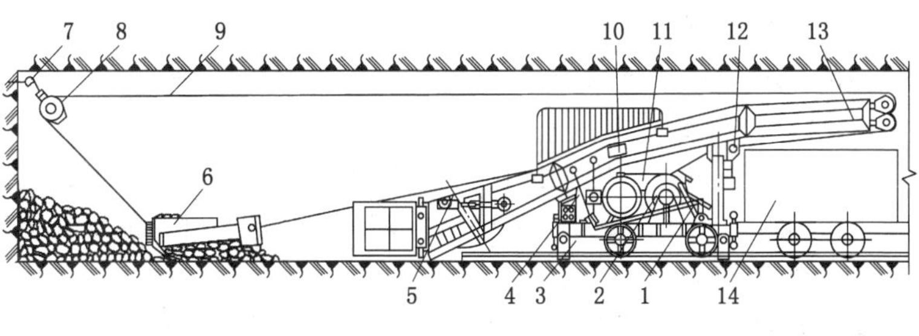

1—连杆；2—主副滚筒；3—卡轨器；4—操作手柄；5—调整螺丝；6—耙斗；7—固定楔；8—尾轮；9—耙斗钢丝绳；10—电动机；11—减速器；12—架绳轮；13—卸料槽；14—矿车。

图 5-11　耙斗式装岩机装岩示意图

耙斗式装岩机在工作前，用卡轨器将台车固定在轨道上，并用固定楔将尾轮悬吊在工作面的适当位置上。工作时，通过操纵手柄启动行星轮或摩擦轮传动装置，驱使主绳滚筒转动，并缠绕钢丝绳牵引耙斗把矸石耙到卸料槽。此时，副绳滚筒从动，并放出钢丝绳，矸石靠自重从槽口漏入矿车后，使副绳滚筒转动，主绳滚筒从动，耙斗空载返回工作面。这样就能使耙斗往复运行进行装岩。当台车需要向前移动时，可用人推，或用电机车顶动，亦可借助两个滚筒同时缠绕拉紧钢丝绳，使机器向前移动。

耙斗式装岩机与铲斗后卸式装岩机相比具有结构简单、维修量小、操作容易、工作可靠、岩尘量小等优点，但机器体积大，移动麻烦，耙齿和钢丝绳磨损严重。

(3) 蟹爪式装岩机。这类装岩机主要由蟹爪、履带行走部、装岩输送机、液压系统和电气系统等组成。装岩机前端的铲板上设有一对蟹爪，在电动机或液压马达驱动下，连续交替扒取矸石，并经刮板输送机运到机尾带式输送机或刮板输送机上，而后装入运输设备。蟹爪式装岩机装岩工作连续，并且装载宽度大，生产效率高，但结构复杂，履带行走对软岩巷道不利，适用于装硬岩。此外，机器对制造工艺和耐磨材料要求高，维修保养要求高。

(4) 立爪式装岩机。立爪式装岩机由装载机构、转载机构及行走机构 3 部分组成。优点是装矸机构简单可靠、动作灵活，对巷道断面和岩石块度适应性强，能挖水沟和清理底板，生产效率高。但爪齿容易磨损，操作复杂，维修成本高。

2. 装岩机的选择

选择装岩机考虑的因素比较多，主要包括巷道断面大小，装岩机的装载宽度和生产效率、适应性和可靠性，操作、制造和维修的难易程度，装岩机的造价等。

铲斗后卸式装岩机生产能力为 25～40 m^3/h，构造简单，适应性好，以往使用较多。但是，该机生产能力小，装岩工作方式不合理，间歇作业，效率低，容易扬起粉尘，对操作技术要求高，装岩宽度较小且必须在轨道上行驶，一般应用于单轨巷道。

侧卸式装岩机，铲取能力大，生产效率高，对大块岩石、坚硬岩石适应性强；履带行走，移动灵活，装卸宽度大，清底干净；操作简单、省力。但是该机构造复杂，造价高，维修要求高，间歇装岩，不适用于斜巷作业，适用于断面 12 m^2 以上的双轨巷道。侧卸式装岩机与凿岩台车配套使用是目前岩巷施工机械化作业线研究方向之一。

耙斗式装岩机，构造最简单，维修、操作方便，可用于平巷、斜巷以及煤巷、岩巷等，是目前煤矿最常用的装岩设备。但是，它的体积较大，移动不方便，妨碍其他机械使用，间歇装岩，且底板清理不干净，人工辅助工作量大，耙齿和钢丝绳损耗量大，效率低。

蟹爪式、立爪式、蟹立爪式装岩机的装岩动作连续，可与大容积、大转载能力的运输设备和转载机配合使用，生产效率高，但是构造较复杂，造价高，蟹爪与铲板易磨损，装坚硬岩石时，对制造工艺和材料耐磨度要求高。

目前国内使用较多的是铲斗后卸式装岩机和耙斗式装岩机，侧卸式装岩机次之，蟹爪式、立爪式装岩机正在不断完善和发展。在实际工作中，应根据工程条件、设备条件以及上述因素综合考虑。

（三）支护

经过破岩和装岩工序后，为保障巷道在一定年限内能够满足矿井的生产需求，应对巷道的围岩进行加固和维护，即巷道支护。较早施工的巷道大多是架设棚式支架与砌筑石材整体式支架，现在多是以提高围岩自承载能力的锚喷支护为主。

1. 巷道支架的类型

巷道支架为安设在巷道中的人工构筑物，用于控制围岩的移动，防止围岩冒落，以保持巷道安全的使用空间。

巷道支架按使用时间长短的不同，分为临时支架和永久支架；按力学性能的不同，分为刚性支架和可缩性支架；按支架材料的不同，分为木支架、金属支架、石材支架、混凝土支架、钢筋混凝土支架等；按照巷道支架承载机理的不同，分为被动支护支架和主动支护支架。

巷道支护分类见表 5-1，主要支护形式及其优缺点见表 5-2。

表 5-1 巷道支护分类

巷道支护	刚性	整体混凝土砌碹，包括混凝土、钢筋、型钢
		料石砌碹
		金属
		木
		整配式钢筋混凝土，有普通、预应力、预制弧板等形式
	金属可缩性	矿工钢、U 型钢
	锚杆	单体锚杆
		组合锚杆，有锚喷、锚网、锚喷网、锚梁网、锚梁带
		锚杆桁架
	锚索	配合锚杆使用

表 5-2 主要支护形式及其优缺点

支架形式	适用条件及优缺点
金属支架	适用条件：煤矿井下的各种巷道，以及交岔点、马头门、井底车场和硐室的支护。 优点：适应性强，承载能力大，可加工性好，用矿用工字钢可以加工成各种形式的支架；支架构件在达到屈服强度后，塑性工作范围大，安全性好；易修复，可多次重复使用，经济效果好。 缺点：初期投资大，用钢量多
钢筋混凝土支架	适用条件：压力大、不受回采影响的开拓巷道和回采巷道。 优点：承载能力大；结构简单，梯形和拱形钢筋混凝土支架都由一个顶梁、两根柱腿组成；制造成预应力钢筋混凝土支架可提高承载能力，降低构件质量。 缺点：与其他支架比较，质量较大

表 5-2(续)

支架形式	适用条件及优缺点
锚杆及组合锚杆支护	适用条件:不受采动影响和受某些采动影响的巷道,以及同其他支护形式相组合支护的各种巷道。 优点:主动的支护形式,能够调动围岩的自承能力,并与之形成共同的承载体系,有效支护围岩;重量轻,成本低,易安装;实现机械化后,能加快掘进速度;易解决紧跟工作面的临时支护问题。 缺点:锚杆作用机理及适用条件研究不充分,支护参数不易确定
联合支护	联合支护的形式:锚杆+喷射混凝土;锚杆+金属网+喷射混凝土;锚杆+钢带(梁);锚杆+金属网+钢带+锚索;锚杆+喷射混凝土+金属支架+喷射混凝土。 特点:根据具体条件确定合适的支护技术,可以取得较好的技术经济效果
砌碹支护	适用条件:煤矿井下不受回采影响、服务期长的巷道。 优点:本身是连续整体,对围岩能起封闭并防止风化作用;较坚固、耐久、防火、阻水,通风阻力小。 缺点:主要承受顶压,对顶压不均匀或不对称及侧压较大的情况,受力较差,易出现裂缝,施工速度较慢

2. 棚式支架

棚式支架简称棚子,是井下常用的一种传统支架。依据使用的材料不同,棚式支架又分为木支架、金属支架、装配式钢筋混凝土支架等多种形式。

(1) 木支架

由于支架特性与多数巷道围岩的变形规律不相适应,容易腐朽,服务年限短,且由于我国森林资源较少,应尽量不用或少用木支架。木支架的形式主要是一梁二柱式梯形支架。主要用于地压不大、断面较小、服务年限短的采区巷道和失修巷道的维护，在服务年限较长的巷道掘进施工中作为临时支护。

（2）U 型钢可缩性支架

U 型钢可缩性支架采用 U 型钢制作，其结构如图 5-12 所示。

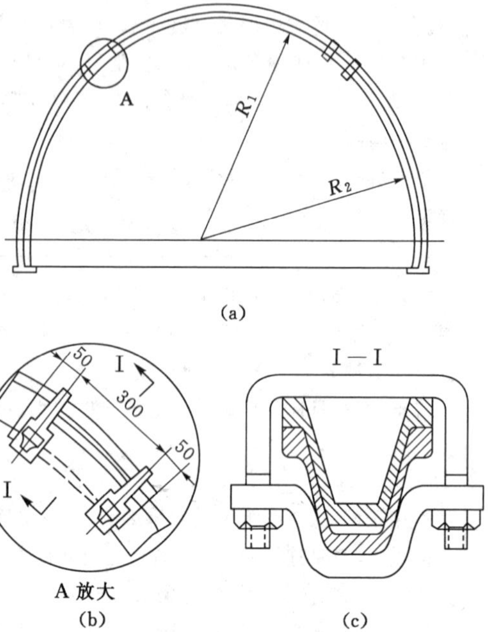

图 5-12　拱形可缩性金属支架

每架棚子由 3 个基本构件所组成：1 根曲率为 R_1 的弧形顶梁和 2 根上端部曲率为 R_2 的柱腿。弧形顶梁的两端插入和搭接在柱的弯曲部分上，组成 1 个三心拱。根据巷道断面尺寸、主要来压方向及围岩移近量的大小，可以采用节数不同的结构形式，一般为 3～5 节。梁腿搭接长度为 300～500 mm，该处用 2 个卡箍固定（每个卡箍包括 1 个 U 型螺杆和 1 块 U 型垫板、2 个螺母），柱腿下部焊有 150 mm×150 mm×10 mm 的铁板作为底座。

支架的可缩性可以用卡箍的松紧程度来调节和控制，通常要求卡箍上的螺帽扭紧力矩等于 15 N·m,以保证支架的初撑力。U 型钢可缩性金属支架适用于矿压大且不稳定以及围岩变形量大的巷道,支护断面一般不大于 12 m^2,支护棚距一般为 0.7～1.1 m,相邻支架之间采用金属拉杆通过螺栓、夹板等互相拉住,也可打入撑柱撑紧,以加强支架沿巷道轴线方向的稳定性。

3. 锚喷支护

锚喷支护是锚杆与喷射混凝土联合支护的简称,二者可以单独使用,即锚杆支护与喷射混凝土支护。锚喷支护还可与金属网联合支护。锚喷支护具有施工机械化程度高、成本低、节约材料和施工速度快等优点。

(1) 锚杆支护

锚杆是锚固在岩体内维护围岩稳定的杆状结构物。传统的锚杆支护理论有悬吊理论、组合梁理论、组合拱(压缩拱)理论,近期又发展了最大水平应力理论。树脂锚杆是目前国内外使用最广泛的锚杆支护形式,由锚固剂(树脂胶囊)、杆体、托盘和螺母等组成。锚杆结构如图 5-13所示。

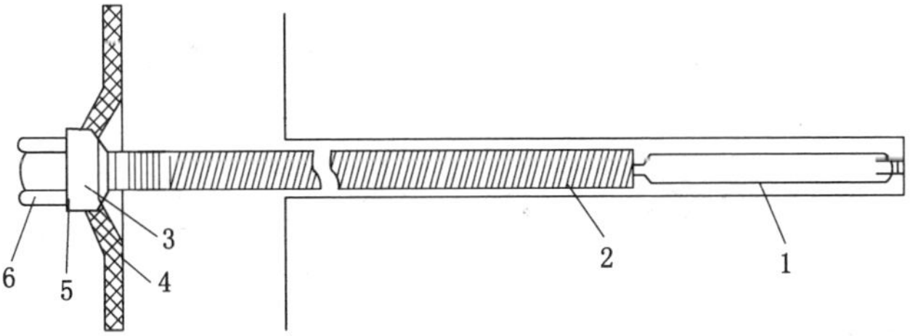

1—树脂药卷;2—杆体;3—穹形球体;4—托盘;5—塑料增压垫圈;6—驱动螺母。

图 5-13 树脂锚杆结构

锚杆杆体是锚杆的主体,杆体材质及表面结构直接影响锚固范围对围岩的支护阻力。根据杆体屈服强度的大小将杆体分为 3 类:普通锚杆、高强锚杆和超高强度锚杆。

锚固剂将杆体与围岩黏结在一起,在围岩深部与浅部不一致变形过程中,锚固剂将围岩变形传递给杆体,同时将杆体对围岩变形的约束传递给围岩。锚固剂在锚杆与围岩相互作用过程中具有重要作用。树脂锚固剂通常是将树脂、固化剂、促凝剂严密包装在一定长度和直径的胶囊中，树脂和促凝剂装在一室，固化剂与之隔离包装在另一室。锚固剂胶囊被锚头捣破搅拌后，促凝剂促进树脂和固化剂发生化学反应，使锚杆杆体通过锚固剂与钻孔壁固结在一起。

树脂锚杆适用范围比较广泛，既适用于硬岩、中硬岩巷道也适用于软岩、煤层巷道，既适用于木锚杆也适用于金属锚杆，既适用于集中锚固类锚杆也适用于长锚固类锚杆，而且使用安全可靠，操作简便快速，质量有保证。

锚杆支护施工包括钻锚杆眼和安装锚杆两个工序。钻锚杆眼和安装锚杆均使用单体轻便式钻锚杆眼的钻机施工。

(2) 喷射混凝土支护

喷射混凝土是将一定配比的水泥、砂、石子和速凝剂等混合搅拌均匀，装入喷射机，以压缩空气为动力，使拌合料沿管路吹送至喷头处与水混合并以较高的速度喷射在岩面上，凝结硬化而成的一种新型支护形式。其工艺流程如图 5-14 所示。

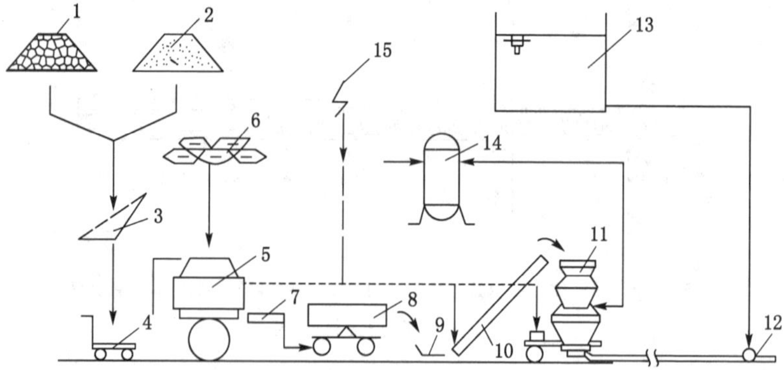

1—石子；2—砂子；3—筛子；4—磅秤；5—搅拌机；6—水泥；7—筛子；8—运料小车；9—料盘；10—上料机；11—喷射机；12—喷嘴；13—水箱；14—风包；15—电源。

图 5-14 喷射混凝土的工艺流程

先将砂、石过筛，按配合比和水泥一同送入搅拌机内搅拌，然后用矿车将拌合料运送到工作面，经上料机装入以压缩空气为动力的喷射机，再经输料管吹送到喷头处与水混合后喷敷在岩面上。

混凝土在高速喷射过程中，水泥颗粒受到重复碰撞冲击，混凝土喷层受到连续冲实压密，而且喷射工艺又允许采用较小的水灰比，因此喷射混凝土层具有致密的组织结构和良好的物理力学性能。特别是它的黏结力大，能同岩石紧密黏结，是形成喷射混凝土独特支护作用的重要因素。喷射混凝土能随着巷道掘进及时施工，且加入速凝剂后其早期强度成倍增长，因而能够控制围岩的过度变形与松弛。喷层较薄，具有一定的柔性，可以和围岩共同变形产生一定量的径向位移。

喷射混凝土有干喷和湿喷两种施工工艺。根据喷射工艺的要求，喷射机相应也有干式和湿式两种。我国定型生产的干式喷射机种类较多，常见的有 ZHP-2 型转体式喷射机、双罐式喷射机、螺旋式喷射机。

ZHP-2 型转体式喷射机由主机、传动机构、风路系统、电气系统、机架等组成。主机由旋转体、密封胶板、定量下料机构、搅拌器、料斗、出料弯头、上下壳体等组成，见图 5-15。

定量下料机构由定量隔板和定量叶片组成，隔板可上下移动，以调整喷射能力。沿旋转体四周方向均匀地布置 14 个 U 型槽，外圈的槽腔为料槽，里圈的为气室，其底部连通成 U 形。

在喷射混凝土之前，应先检查巷道断面尺寸是否符合设计要求，若有欠挖部分应事先予以处理，要用高压风、水冲洗岩面，撬掉活石，清除巷道两帮基底的存矸，并达到设计规定的深度（底板以下 100 mm）。认真检查机械设备和管线，准备好照明、信号和防尘等各项设施，以保证喷射质量和作业安全。喷射作业时，严格按操作规程正确使用混凝土喷射机，特别要注意调整好风压，以减少回弹和降低粉尘浓度。操作喷头要先开水后开风，及时调整水灰比，尽量使喷头与岩面垂直，并和岩面保持 1 m 左右的距离。喷射顺序应是先墙后拱、自下而上呈螺旋状轨迹移动，螺旋轨迹每圈的直径为 100～200 mm。为了保证喷射质量和提高喷射效率，应合理划分喷射区段，一般以 6 m 长为一基本段，基本段再分作 2 m 长的 3 小段。喷侧墙每喷完 1.5 m 高时依次向相邻

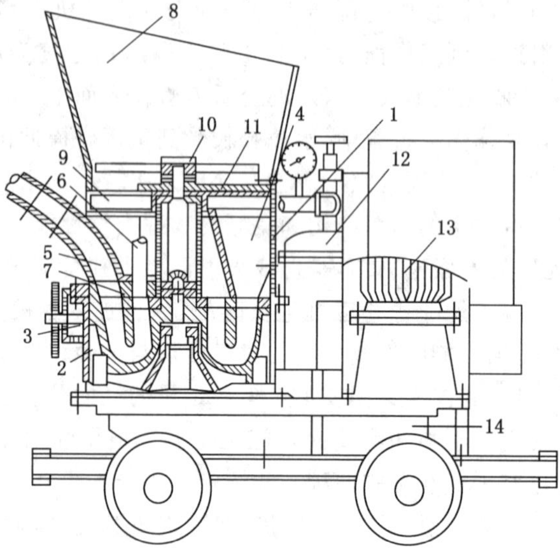

1—上壳体；2—下壳体；3—旋转体；4—入料口；5—出料弯头；6—进风管；7—密封胶板；8—料斗；9—拨料板；10—搅拌器；11—定量板；12—油水分离器；13—电动机；14—减速器。

图 5-15　ZHP-2 型混凝土喷射机主机

小段推移。

四、巷道施工机械化作业线

巷道施工机械化作业线是指在完成巷道施工主要工序中所使用的机械以及配套的施工方式，它是提高巷道施工效率的主要方式。

（一）岩巷机械化作业线

1. 凿岩机＋耙斗式装岩机为主的机械化作业线

此机械化作业线是指巷道施工工序中以凿岩机钻眼、装药爆破，耙斗式装岩机、矿车装运岩石，然后采取锚喷等方式支护施工巷道。这种机械化作业线是巷道施工的主要方式，适用于各种断面的巷道施工。

2. 凿岩台车＋侧卸装岩机为主的机械化作业线

此机械化作业线是指巷道施工工序中以凿岩机钻眼、装药爆破，侧卸装岩机、矿车装运岩石，然后采取锚喷等方式支护施工巷道。这种机械化作业线也是巷道施工的主要方式，适用于各种巷道，但受侧卸装岩机的影响。

3. 凿岩机+耙斗式装岩机+梭式矿车为主的机械化作业线

此机械化作业线是指巷道施工工序中以凿岩机钻眼、装药爆破，耙斗式装岩机、梭式矿车装运岩石，然后采取锚喷等方式支护施工巷道。这种机械化作业线也是巷道施工的主要方式，适用于各种巷道，但受梭式矿车的影响。

（二）煤巷机械化作业线

采用掘进机掘进煤巷时，必须有一套与之相适应的机械运输设备，它们相互配置形成一条机械化作业线，这是加快煤巷掘进速度和提高劳动生产率的根本途径。目前常用的煤巷施工机械化作业线有以下几种。

1. 掘进机+可伸缩双向带式输送机机械化作业线

该作业线的主要设备是煤巷掘进机和可伸缩双向带式输送机，是我国目前综掘机械化中最先进的一种，在大型煤矿的区段平巷掘进中得到广泛使用，并取得了很好的经济效益。掘进机切割下来的煤经装运机构、桥式转载机、可伸缩双向带式输送机再卸至其他运输设备上。带式输送机向外送煤的同时，在带式输送机的下输送带上能向工作面运送各种材料，使上输送带出煤和下输送带（回空输送带）进料形成一个运输系统。为减少接长输送带辅助时间，输送带可储存 100 m 的长度。掘进工作面延长带式输送机的方法如图 5-16(a)所示。掘进机在工作面向前掘进到桥式转载机的最大搭接长度后，掘进机后退使其尾部与可伸缩带式输送机尾部连接，同时将外段带式输送机尾部与中间架部分的连接装置脱开，如图 5-16(b)所示。通过掘进机前移，将外段带式输送机尾部拖前 12～15 m，如图 5-16(c)所示，然后在预留的间隔空间中进行中间架的组装工作。

这种机械化作业线的主要特点是：可充分发挥掘进机的生产效率，切割、装载、运输生产能力大，掘进速度快，上输送带出煤，下输送带运料，输送带延长速度快（每延长 12 m 输送带仅需 30 min），并可利用伸缩输送带接长时间进行工作面永久支架安设工作，有效地利用掘进循环时间。

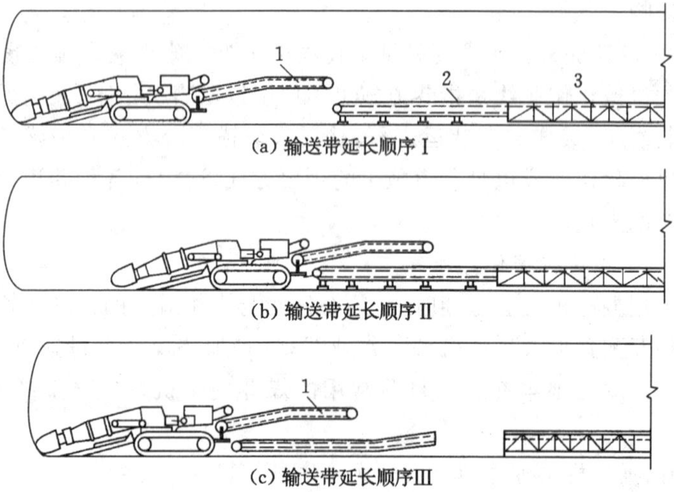

1—桥式转载机；2—外段带式输送机尾部；3—可伸缩带式输送机的中间架。

图 5-16　伸缩式带式输送机延长方法

该机械化作业线主要适用于连续掘进的独头巷道长度大于 800 m 的条件。开滦钱家营矿采用 AM-50 型掘进机，配用 SDJ-44 型伸缩式带式输送机和 SGW-40 型输送机，创造了半煤岩巷单巷月进 1 421 m 和煤巷单巷月进 2 211.2 m 的好成绩。

2. 煤巷掘进机＋梭式矿车（或仓式列车）机械化作业线

该作业线由煤巷掘进机、梭式矿车（或仓式列车）、电机车等部分组成。掘进切割下来的煤经装载机构、输送带转载机卸入梭式矿车（仓式列车），然后通过梭式矿车（或仓式列车）车厢底板上的刮板输送机逐渐运向后部，直至均匀装满梭式矿车（或仓式列车），然后由电机车牵引至卸载地点。

该机械化作业线不能平行作业，导致掘进机效率不能充分发挥，适用于装卸地点距离较短的巷道，同时井下必须有卸载站。大同矿区曾采用此作业线，最高月进尺达 2 405 m。

3. 煤巷掘进机＋吊挂式带式转载机＋矿车、电机车机械化作业线

该作业线适用于采用金属永久支护、矿车运输的小断面巷道。为

了提高掘进效率，减少调车次数和调车停机时间，在巷道转弯半径允许的前提下尽量先用长度较大（可容 8～10 辆矿车）的吊挂式带式转载机，如图 5-17 所示。吊挂式带式转载机一端与掘进机相连，另一端通过行走导轮吊挂在巷道顶板专设的单轨梁上，随掘进机向前掘进，吊挂带式转载机随着一起向前移动。

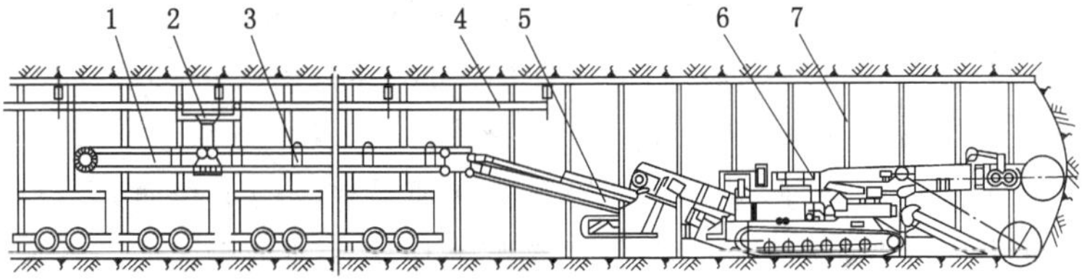

1—机尾部；2—吊挂小车；3—中间架；4—1140E 轨道；
5—机头部；6—掘进机；7—拱形支架。

图 5-17　掘进机与吊挂带式转载机、矿车组成的机械化作业线

该机械化作业线不能实现连续作业，掘进机工时利用率低，掘进速度慢。另外，永久支架的安装质量要求比较严格，辅助工程量较大，多在输送机运煤系统未建成前采用。

第五节　采煤方法

一、采煤方法及采煤工艺

（一）采煤方法

采煤方法是指采煤工艺与回采巷道布置及其在时间、空间上相互配合的总称。采煤方法包括采煤系统和采煤工艺两部分内容。

采煤系统是指采区巷道的布置方式，掘进和采煤顺序的合理安排以及由采区供电、通风、运输、排水等生产系统共同构成的、完整的煤炭开采系统。采煤工艺是指采煤工作面各工序所用方法、设备及其在时间、空间上的相互配合。

通常按采煤工艺、矿压控制特点和采煤系统构成，将采煤方法划分为壁式体系采煤法和柱式体系采煤法两大类。除少数小型矿井外，我

国绝大多数煤矿采用壁式体系采煤法。

（二）采煤工艺

采煤工艺又称回采工艺，由5个主要工序组成：

（1）破煤：将煤炭从工作面煤壁上采落下来的工序。

（2）装煤：将采落下来的煤炭装入工作面刮板输送机内的工序。

（3）运煤：将工作面采落的煤炭运出工作面的工序。

（4）支护：将破煤后暴露的工作面顶板空间，用支护材料或设备支护的工序。

（5）采空区处理：采用全部垮落法处理采空区的工作面，采空区处理是回柱（或移架）放顶工序；采用全部充填法处理采空区的工作面，采空区处理是回柱充填的工序。

我国目前普遍采用的采煤工艺有爆破采煤工艺、普通机械化采煤工艺、综合机械化采煤工艺和综合机械化放顶煤采煤工艺。

二、采煤工艺及支护技术

（一）爆破采煤工艺

爆破采煤工艺，指在长壁工作面用爆破方法破煤和装煤、人工装煤、输送机运煤和单体支柱支护的采煤工艺。其工艺过程包括爆破落煤及装煤、人工装煤、刮板输送机运煤、人工挂梁立支柱、移置输送机、人工回柱放顶等工序。

1. 爆破落煤

爆破落煤由打眼、装药、填炮泥、连炮线和爆破线及爆破等工序组成。

（1）炮眼布置

常用的炮眼布置有以下3种，如图5-18所示。

① 单排眼：沿工作面只打一排炮眼，一般用于薄煤层或煤质软、节理发育的煤层。

② 双排眼：沿工作面布置两排炮眼，两排炮眼的具体布置形式有对眼、三花眼和三角眼，一般适用于采高较小的中厚煤层。如果煤质中硬可采用对眼，比较松散时就采用三花眼。

③ 三排眼：也称五花眼，用于采高较大的中厚煤层或煤质坚硬煤层。

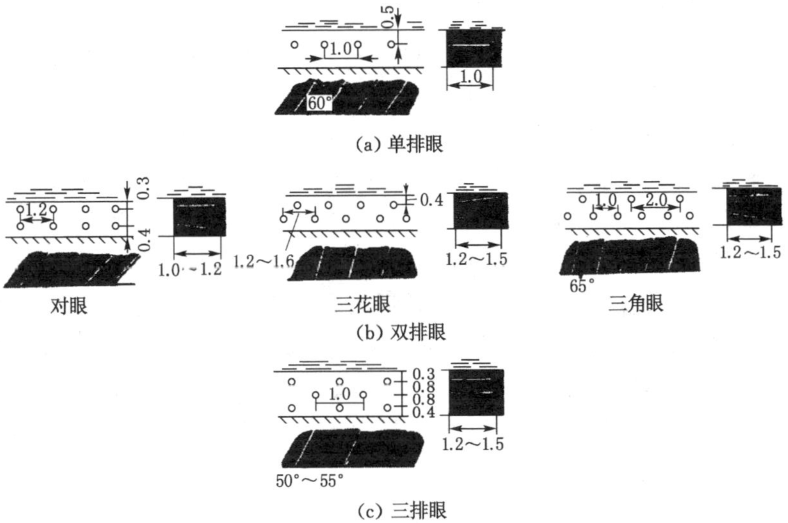

图 5-18　炮眼布置图(单位:m)

为了满足爆破装煤及爆破进度的需要,除了对炮眼排数有以上要求外,对炮眼的深度和炮眼的角度也有以下的要求:

① 炮眼的深度取决于工作面一次的推进度、顶板岩性和煤的硬度等,一般为 1.0～1.2 m,最大可达 2.0 m。工作面炮眼的深度要保持一致,以免影响炮眼的利用率、爆破效果和煤壁的平直。

② 炮眼的角度应满足以下要求:

a. 炮眼与煤壁的水平夹角一般为 50°～80°,软煤取大值,最大可取 90°,硬煤取小值。为了防止支架崩倒,应使水平方向的最小抵抗线朝向两柱之间。

b. 当煤层较硬、黏顶性强时,上排炮眼要有一定的仰角,在垂直面上向顶板方向仰起 5°～10°。

c. 为了不留底煤,又不崩翻刮板输送机,下排眼要有一定的俯角,在垂直面上向底板方向保持 10°～20°。

(2) 装药、连线与爆破

炮眼的装药量要根据顶板岩性、煤层软硬程度、炮眼深度及位置,结合生产经验和相似条件来确定。一般底眼的装药量要多些，为150～600 g，顶眼与腰眼可适当减量，以节省炸药消耗和增加块煤率。药装好后，按《煤矿安全规程》要求封堵炮泥。

炮采工作面炮眼的连线方式一般采用串联。爆破时可采取先顶眼后底眼、先底眼后顶眼及顶、底眼同时起爆 3 种顺序。第一种爆破顺序在爆破装煤工作面应用较多。

采煤工作面每次起爆的炮眼数目，应综合考虑顶板稳定性、输送机的启动及运输能力、工作面安全情况而定。起爆条件好时，可同时起爆数十个眼。如果起爆条件差、顶板不稳定，每次只能起爆几个眼，甚至采用留煤垛间隔爆破的办法。同时起爆的炮眼数，既不要超过顶板最大允许暴露面积，又要考虑输送机的最大运输能力，防止发生输送机压机或断链事故。

2. 装煤与运煤

(1) 爆破装煤

炮采工作面采用单体液压支柱及铰接顶梁所构成的单体支架支护工作面。在单体支架的支护下，可以把输送机推移到贴近煤壁，利用爆破时的爆破力，将煤炭自动抛入刮板输送机内，称为爆破装煤。爆破装煤率一般可达 31%～37%。

(2) 人工装煤

炮采工作面爆破后存在装不到输送机上的煤，如煤壁与输送机之间散落的煤，崩落或撒落到输送机采空侧的煤。因此，炮采工作面的这部分煤要由人工装到刮板输送机上。人工装煤劳动强度大，效率低，是炮采工艺的缺点之一。炮采工作面的运煤一般由刮板输送机来完成。

3. 工作面支护

我国正规炮采工作面都采用单体液压支柱和铰接顶梁支架支护。支架的布置形式主要有正悬臂齐架直线柱和正悬臂错梁三角柱 2 种，后者现在用得较少。

4. 采空区处理

随着采煤工作面不断向前推进，顶板悬露面积会越来越大，为了工作面的安全及正常生产，需要对采空区进行及时处理。根据顶板特征、煤层厚度及保护地表的特殊要求等条件，有多种处理方法，最常用的是全部垮落法。

全部垮落法适用于开采直接顶易于垮落或中等稳定顶板，具体做法是：当工作面从开切眼推进一定距离后，主动撤除采煤工作空间以外的支架，使其直接顶自然垮落。当工作空间达到最大控顶距时，就及时回柱放顶，使工作空间只保留回采工作所需要的最小控顶距。与普通机械化采煤一样，最小控顶距应有3排支柱，以保证足够的采煤工作空间；最大控顶距一般不宜超过5排支柱。通常采煤工作面推进1或2次放一次顶，即三排、四排或三排、五排管理顶板。一次放顶的宽度就是放顶步距，等于最大控顶距与最小控顶距的差。

因为炮采工作面的回柱放顶工作采用人工完成危险性较大，所以在操作时应该严格遵照《煤矿安全规程》。

采煤工作面必须及时回柱放顶或充填，控顶距离超过作业规程规定时，禁止采煤。用垮落法控制顶板，回柱后顶板不垮落、悬顶距离超过作业规程的规定时，必须停止采煤，采取人工强制放顶或其他措施进行处理。

用垮落法控制顶板时，回柱放顶的方法和安全措施，放顶与爆破、机械落煤等工序平行作业的安全距离，放顶区内支架、木垛的回收方法，必须在作业规程中明确规定。

（二）普通机械化采煤工艺

普通机械化采煤工艺，是指用机械方法破煤、装煤，输送机运煤和单体支柱支护的采煤工艺，简称普采。其中，使用单体液压支柱进行支护的称为高档普采。普采工作面技术装备主要有滚筒式采煤机或刨煤机、可弯曲刮板输送机和与其配套的推移千斤顶、单体金属支柱与铰接顶梁及乳化液泵站等。

普采工作面的生产工艺过程主要由割煤、运煤、挂梁、推移刮板输送机、打柱以及回柱放顶等工序组成。

1. 割煤

普采工作面的生产以采煤机为中心，采煤机割煤，其他工序合理配合。采用滚筒采煤机割煤时，采煤机一般是骑在输送机上，以输送机两侧作为导轨上下往复运行。割下的煤，靠螺旋滚筒及弧形挡煤板装入输送机中，使落煤、装煤、运煤3道工序实现连续作业。

2. 支护

(1) 支护设备

普采工作面常使用单体液压支柱与金属铰接顶梁支护顶板。单体液压支柱分内注式和外注式两种，初撑力大，因此使用非常广泛。

(2) 支架布置方式

采煤机割煤后，工作面支架上的铰接顶梁向工作面煤壁方向延接，以对割煤后新暴露的顶板进行临时支护。除少数顶板完整的普采工作面可使用带帽点柱外，一般均采用由单体液压支柱与铰接顶梁组成的悬臂支架。这样可实现追机挂梁，及时支护新暴露的顶板。

按悬臂顶梁与支柱的关系，可分为正悬臂与倒悬臂两种。正悬臂支架悬臂的长段在立柱的煤壁侧，有利于支护机道上方顶板；短段在立柱的采空区侧，故顶梁不易折损。倒悬臂支架则相反，其长段伸向采空区，立柱不易被碎矸石埋住，但顶梁易损坏，如图5-19所示。

(a) 正悬臂布置　　(b) 倒悬臂布置

图5-19　单体液压支架正悬臂和倒悬臂布置

普采工作面支架布置，按梁的排列特点分为齐梁式和错梁式两种。齐梁式适用于顶板比较稳定的工作面条件；错梁式适用于顶板比较破碎的工作面条件。为了行人和工人作业方便，工作面支柱一般排成直线状。因此，目前普采工作面支架布置方式主要有齐梁直线柱和错梁直线柱两种，如图5-20所示。

处理普采工作面采空区时，可选择和使用的特种支架有丛柱、密集支柱、木垛、斜撑支架及切顶墩柱等。

(3) 普采工作面端头支护

端头支护应满足以下要求：

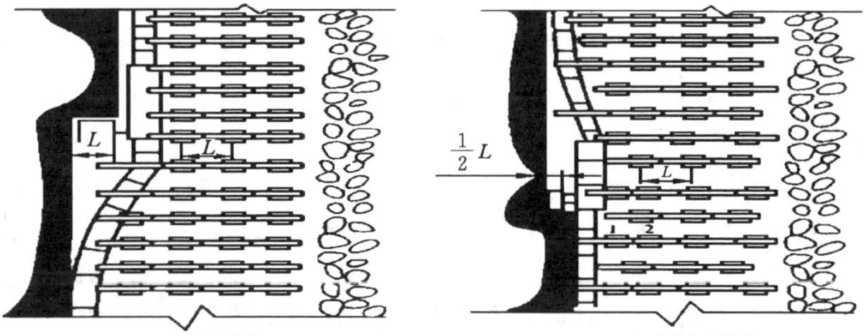

L—支架安设间距。

图 5-20　支架齐梁式和错梁式布置

① 要有足够的支护强度，保证工作面端部出口的安全。

② 支架跨度要大，不影响输送机机头、机尾的正常运转，并要为维护和操作设备的人员留出足够的活动空间。

③ 要能够保证机头、机尾的快速移置，缩短端头作业时间，提高开机率。

端头支护主要有：单体支柱加铰接顶梁支护（为了在跨度大处固定顶梁铰接点，可采用双钩双楔梁，或将普通铰接顶梁反用，使楔钩朝上）；用 4～5 对长梁加单体支柱组成的边步走向抬棚支护；用基本支架加走向迈步抬棚支护。除机头、机尾处外，在工作面端头原平巷内可用顺向托梁加单体支柱或十字铰接顶梁加单体支柱支护。

3. 推移工作面刮板输送机

采煤机割煤后，在距采煤机 12～15 m 处，操作与刮板输送机配套的专用推移千斤顶向煤壁方向推移刮板输送机，推移步距与采煤机截深相一致，并使输送机平、直且符合要求。

4. 采空区处理

目前，走向长壁普采工作面采空区的处理主要采用全部垮落法。就是当工作面支架的控顶距离达到作业规程规定的最大控顶距时，将靠近采空区的一排或两排支架撤掉，让顶板垮落，这就是所谓的回柱放顶。在多数情况下，采空区的垮落矸石能起到支撑上方基本顶、缓和基本顶来压的作用。采用充填法处理采空区的工作面，采空区处理由回柱充填工序完成。

（三）综合机械化采煤工艺

综合机械化采煤工艺，是指用机械方法破煤、装煤，输送机运煤和液压支架支护的采煤工艺，简称综采。综采工艺的特点是落煤、装煤、运输、支护、采空区处理等主要工序全部实现机械化。综采和普采最大的区别是综采使用了自移式支架支护顶板，解决了支护与回柱放顶人工操作的难题，实现了支护与采空区处理的机械化。综采的优点是劳动强度低、产量高、效率高、安全条件好。

1. 综采工作面设备

综采工作面设备主要包括滚筒采煤机（或刨煤机）、液压支架、可弯曲刮板输送机、桥式转载机、可伸缩带式输送机、乳化液泵站、供电设备、集中控制设备、单轨吊车以及其他辅助设备等。综采工作面设备的配套很关键，尤其应使采煤机、输送机和液压支架这三大设备（简称"三机"）均符合工作面的生产条件，并在生产能力、设备强度、空间尺寸等方面配套。

2. 采煤工艺

综采工作面各种设备在采煤工作面中，按一定的生产工艺流程协调进行，发挥各自的作用。

(1) 落煤与装煤

综采落煤、装煤工作与普采相似，但在采煤机工作方式上有所区别。综采工作面一般主要采用双向割煤、往返一次进两刀的割煤方式和斜切式进刀方式。

(2) 运煤

采煤机采落的煤由工作面重型可弯曲刮板输送机运到工作面的下端，转载到工作面下端所铺设的桥式转载机上，经运输平巷中所铺设的可伸缩带式输送机，运到采区运输上山（下山）的带式输送机上，然后运往采区煤仓。随着工作面向前推进，转载机和可伸缩带式输送机也不断交替推移前进。

(3) 输送机和支架的移动

支架型式不同,则移架和推移输送机的方式也不同。整体式支架移架和推移输送机共用一个液压千斤顶,连接支架底座和输送机槽,两者互为支点,进行推移输送机和前拉支架。迈步式自移支架的移动,依靠本身两框架互为支点,用一个千斤顶推拉两框架分别前移,然后另一个千斤顶推移输送机。

(4) 支护

综采工作面主要采用自移式液压支架来支撑顶板,维护工作空间。根据液压支架与围岩的相互作用方式不同,液压支架可分为支撑式、掩护式和支撑掩护式 3 种基本类型。

① 液压支架的支护方式

根据液压支架的型式、结构、移动方式和支护条件不同,可分为超前支护、及时支护和滞后支护 3 种。

a. 超前支护,是指煤壁片帮严重,不等采煤机割煤,支架就提前向前推移,使煤壁片帮后暴露的顶板得到提前支护。

b. 及时支护,是指采煤机割煤后先移支架,再移输送机,推移步距等于采煤机截深,其采煤工艺过程为采煤、移架、推刮板输送机。

c. 滞后支护,是指采煤机割煤后,输送机首先逐段移向煤壁,随后前移液压支架,两者移动步距相同,其采煤工艺过程为采煤、推刮板输送机、移架。

② 液压支架的支护速度与移架步距

通常把沿工作面长度方向推移支架的速度称为液压支架的支护速度。就及时有效控制顶板而言,支护速度越快对安全越有利。

液压支架的移架步距应该和采煤机截深及输送机的推移步距一致。当煤壁留有探头煤或因采煤机飘刀而留有底煤时,往往会使输送机和支架移动步距不满足要求,使煤壁前的空顶距离加大,这时就可能造成顶板破碎、掉矸,甚至局部冒顶事故。因此,在生产中要采取适当措施,以防止上述现象的发生。

③ 综采工作面端头支护

工作面的上、下出口处悬顶面积大,机械设备多,又是材料和人员出入的交通口，所以必须要加强维护。由于各个综采工作面端头的实际情况差别很大，所以必须针对具体条件采取不同的支护方式。综采工作面端头支护方式主要有端头支架支护、普通液压支架支护、内注液式单体液压支柱支护3种：

a. 端头支架支护。这类支架的特点是加长顶梁、底座，可将转载机机尾置于支架底座上。一般多用于综采工作面上端头紧挨机巷上帮，与排头支架侧护板紧贴。该支护方式移动速度快，但对平巷条件适应性差。

b. 普通液压支架支护。这类支护多用于工作面的上、下端头。适用于煤层倾角较小的综采工作面，通常在机头（尾）处滞后于工作面中间支架1个截深。

c. 内注液式单体液压支柱支护。这类支护主要有组合大抬棚支护、内注液式单体液压支柱配合十字铰接顶梁支护等。该支护方式适应性强，有利于排头液压支架的稳定，但支设费工费时。

④ 采空区处理

综采工作面一般主要采用垮落法处理采空区。因液压支架具有切顶性能强（支撑式）、掩护作用好（掩护式）、种类多等优点，所以一般不采用局部充填和煤柱支撑法。对极坚硬顶板可采取高压注水软化顶板、爆破强制放顶等方法进行处理。

3. 综采工作面正规循环作业

综采工作面正常生产时工艺流程如下：进刀→割煤→移架→推移刮板输送机。

(1) 采煤机进刀方式

综采工作面多采用端头割三角煤斜切进刀的方式，如图5-21所示。

当采煤机将上一刀煤割通后，留20架支架停止追机作业；前滚筒（前进方向的滚筒）下降割底煤，后滚筒上升割顶煤，退出距输送机机头30 m之处停机；使用退出段支架推输送机，使采煤机前滚筒再次升起，后滚筒下降，采煤机向输送机机头割煤；割通后，调整前滚筒上升割顶煤，后滚筒下降割底煤，采煤机开始由刮板输送机机头向机尾方向正常割煤；当采煤机割到机尾时，斜切进刀方式与机头相同。

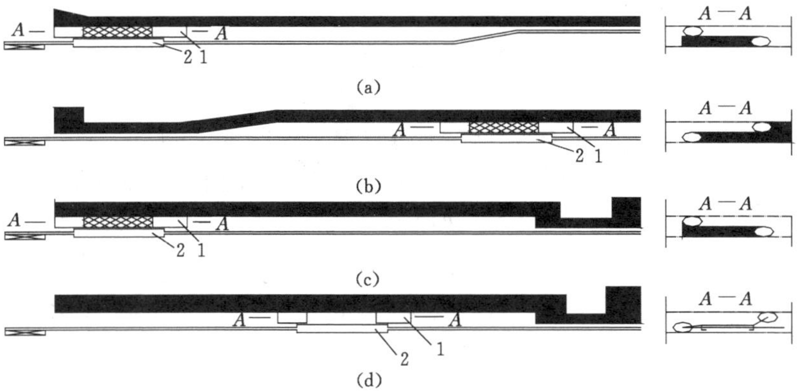

1—综采面双滚筒采煤机;2—刮板输送机。

图 5-21　综采工作面端部割三角煤斜切进刀

(2) 割煤

正常情况下,采煤机前滚筒割顶煤,后滚筒割底煤,依靠后滚筒转动自行装煤,剩余的煤由铲板在推刮板输送机时自行装入刮板输送机。割煤时严格控制采高,顶煤、底板必须割平且不留底煤,将煤壁割成直线。采煤机割煤速度应均匀,不要忽快忽慢。

(3) 移支架(擦顶移架)

移支架的操作顺序为:收护帮板→降大柱(200 mm 以内)→移支架→升大柱→打开护帮板。

移架时,以支架前移为宜,大柱下降控制在 200 mm 以内,防止咬架或漏顶煤。如机道顶煤破碎,则必须将支架护帮板伸出护住机道新露出的顶煤,防止机道漏顶。移架后,支架要呈直线,并控制最小端面距不得大于 340 mm。升架时,支架必须接顶、升紧,初撑力达到 24 MPa。移架滞后采煤机后滚筒不得超过 5 m,否则必须停机,等待移架。

(4) 推移刮板输送机

刮板输送机滞后采煤机后滚筒 15 m 以外推入,跟机分段推入,保证输送机呈直线,弯曲段长度不得低于 15 m,不得出现急弯,以防止出现断连接环、哑铃销或溜槽错口。

（四）综合机械化放顶煤采煤工艺

综合机械化放顶煤采煤工艺，是对厚煤层使用综采设备进行整层开采的采煤工艺，可对特厚煤层（煤层厚度一般为 6～12 m）进行整层开采。该工艺是在煤层底部或煤层某一厚度范围内的底部布置一个采高为 2～3 m 的长壁工作面，使用常规采煤方法进行采煤，并利用矿山压力作用或辅以松动爆破等方法，在工作面推进后将上部顶煤破碎冒落，并利用放顶煤支架将冒落顶煤予以回收，由工作面后部刮板输送机运出。

1. 放顶煤采煤方法的分类

按照煤层赋存条件及相应的采煤工艺，放顶煤采煤法分为 3 种方法，如图 5-22 所示。

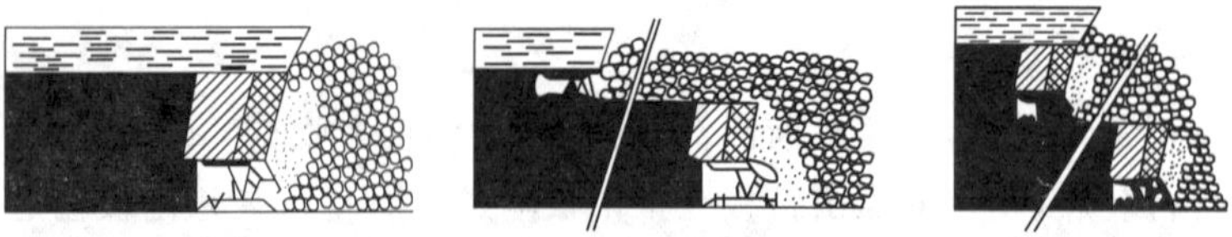

(a) 一次采全厚放顶煤　(b) 预采顶分层网下放顶煤　(c) 倾斜分层放顶煤

图 5-22　放顶煤采煤工艺

（1）一次采全厚放顶煤

沿煤层底板布置综采放顶煤长壁工作面，一次采放出全部厚度煤层。

（2）预采顶分层网下放顶煤

将煤层划分为两个分层，沿煤层顶板下先布置一个 2～3 m 的顶分层综采放顶煤长壁工作面。顶分层工作面采煤铺网后，再沿煤层底板布置一个与顶分层同样的综采放顶煤工作面，进行常规采煤并将两个工作面之间的顶煤放出。一般适用于厚度 12～14 m 及以上，直接顶坚硬或煤层瓦斯含量高，需预先抽采瓦斯的缓斜煤层。

（3）倾斜分层放顶煤

煤层厚度在 12～14 m 及以上，将煤层沿倾斜方向分为两个以上厚度在 6～8 m 及以上的倾斜分层，依次放顶煤开采。

2. 适用条件

综采放顶煤开采一般应符合下列条件：

(1) 煤层倾角小于 15°或近水平。

(2) 煤质较松软，层节理发育，顶煤易于破碎冒落。中间没有不易破碎的夹石层及硬煤层($f<3.0$)。

(3) 直接顶较厚，且能随采随冒，自然发火期在 3 个月以上，无瓦斯突出等。

《煤矿安全规程》规定：放顶煤工作面严禁采用木支柱、金属摩擦支柱支护方式。

有下列情形之一的，严禁采用单体液压支柱放顶煤开采：

(1) 倾角大于 30°的煤层(急倾斜特厚煤层、水平分层放顶煤除外)。

(2) 冲击地压煤层。

有下列情形之一的，严禁采用放顶煤开采：

(1) 煤层平均厚度小于 4 m 的。

(2) 采放比大于 1∶3 的。

(3) 采区或工作面回采率达不到矿井设计规范规定的。

(4) 煤层有煤(岩)和瓦斯(二氧化碳)突出危险的。

(5) 坚硬顶板、坚硬顶煤不易冒落，且采取措施后冒放性仍然较差，顶板垮落充填采空区的高度不大于采放煤高度的。

(6) 矿井水文地质条件复杂，采放后有可能与地表水、老窑积水和强含水层导通的。

3. 综采放顶煤的工艺特点

(1) 适用于厚度 5 m 以上、煤质较软、顶板易垮落的煤层。

(2) 简化巷道布置，减少巷道掘进工作量。

(3) 提高采煤工效、降低吨煤生产费用等。

(4) 采出率较低、煤炭自然发火控制比较困难。

4. 综放工作面正规循环作业

综放工作面正常生产时工艺流程如下：进刀→割煤→移架→推移

前输送机→放煤→拉后部输送机。

（1）采煤机进刀方式

综放工作面多采用端头割三角煤斜切进刀的方式，如图 5-23 所示。

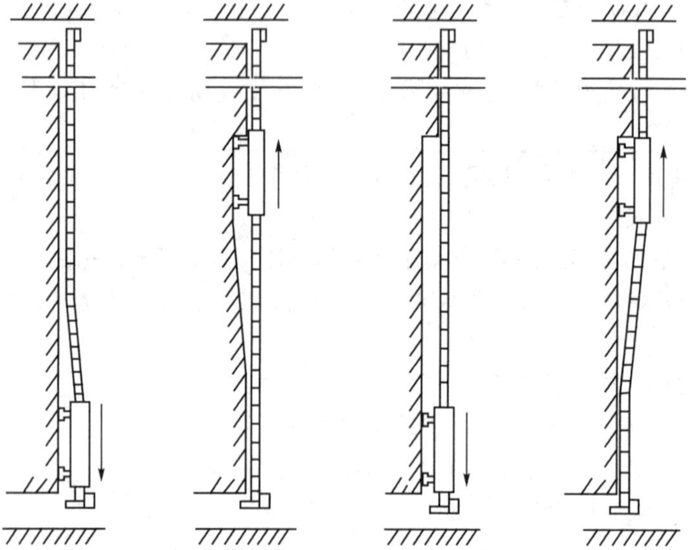

图 5-23　综放工作面端部割三角煤斜切进刀方式

当采煤机将上一刀煤割通后，留 20 架支架停止追机作业，以防割前探梁；前滚筒下降割底煤，后滚筒上升割顶煤，退出距输送机机头 30 m 之处停机；使用退出段支架推前部输送机，放 4～20 号支架的顶煤，将采煤机前滚筒再次升起，后滚筒下降，采煤机向输送机机头割煤；割通后，调整前滚筒上升割顶煤，后滚筒下降割底煤，采煤机开始由刮板输送机机头向机尾方向正常割煤；当采煤机割到机尾时，斜切进刀方式与机头相同。

（2）割煤

正常情况下，采煤机前滚筒割顶煤，后滚筒割底煤，依靠后滚筒转动自行装煤，剩余的煤由铲板在推刮板输送机时自行装入前部输送机。

割煤时严格控制采高，顶煤、底板必须割平且不留底煤，将煤壁割成直线。采煤机割煤速度视后部输送机放煤量多少而定，防止前后输送机量过多，影响带式输送机运输。

(3) 移支架(擦顶移架)

移支架的操作顺序为：收前探梁→降主顶梁(200 mm 以内)→移支架→升主顶梁→伸前探梁。

移架时，以能使支架前移为宜，主顶梁下降控制在 200 mm 以内，防止咬架或漏顶煤。如机道顶煤破碎，则必须将支架前伸梁伸出护住机道新露出的顶煤，防止机道漏顶。移架后，支架要呈直线，并控制最小端面距不得大于 340 mm。升架时，支架必须接顶、升紧，初撑力达到 24 MPa。移架滞后采煤机后滚筒不得超过 5 m，否则必须停机，等待移架。

(4) 推前部输送机

前部输送机滞后采煤机后滚筒 15 m 以外推入，跟机分段推入，保证输送机呈直线，弯曲段长度不得低于 15 m，不得出现急弯，以防出现断连接环、哑铃销或溜槽错口。

(5) 放顶煤

由支架反复支撑及尾梁的上下摆动等综合方式松动顶煤，支架尾梁摆动配合伸缩插板低位放顶煤。放顶煤支架位置由上、下端头第 4 架开始(上、下端头留 3 架不放)。工作面采用割一刀煤放一茬顶煤的作业方式，循环进度为 0.5 m。

放顶煤采用多轮间隔顺序放煤的方法，两个放煤工相距 5 架支架，第一个人放偶数(4 号、6 号、8 号……)，第二个人放奇数(5 号、7 号、9 号……)，放顶煤工序与割煤间距不少于 10 m。放顶煤工不得一次将回转梁收回最大角度，且放煤过程中要相互配合，尽量不让或少让顶煤流至刮板输送机之外。当有大块煤卡在放煤口影响放煤时，则反复摆梁，使大块煤破碎；当发现矸石时，及时将回转梁伸出，防止矸石混入煤中，严格执行“见矸关窗”的原则。靠近端部的放顶煤工要根据后部输送机上的煤量适当控制放煤量。

(6) 拉后部输送机

放完煤后，拉后部输送机与推前部输送机相同，分段拉回，拉后部输送机后保证其呈直线，不得出现急弯，以防出现断连接环、哑铃销或溜槽错口。放煤结束后可将后输送机收回，移设后输送机时要在运行中进行，防止后输送机被煤压死。

三、采煤新技术、新工艺

（一）急倾斜煤层采煤法

我国煤矿使用过多种采煤方法开采急倾斜煤层，下面就比较常用的几种方法做简要介绍。

1. 倒台阶采煤法

倒台阶采煤法的工作面沿倾斜方向呈倒台阶布置，其目的在于充分利用工作面长度，使工人在各个台阶阶檐的保护下，多点同时作业。工作面落煤一般采用风镐或炮采，落煤一般先从上隅角开始，然后逐级沿台阶面向下采，每班进 2～4 排柱，排距为 0.8～0.9 m。倒台阶工作面一般采用顺板棚子，采空区处理多用全部垮落法。

工作面采出的煤沿工作面自溜，经溜煤眼到区段运输巷，使用输送机运至采区溜煤眼，下放至采区石门后装车外运至井底车场。

新鲜风流经行人眼、运料眼、区段运输巷进入采煤工作面，然后经回风巷、采区回风石门排至区段回风平巷。

工作面所需的材料、设备一般由回风石门运入，沿回风巷送至工作面。下区段工作面用料，可由运料眼中安装的小绞车提升至区段回风巷道，再送至各采煤工作面。

工作面长度为 40～50 m，一般由 2～3 个台阶组成，台阶长度一般为 10～20 m。

倒台阶采煤法的优点是巷道系统简单，掘进率低，采出率高，通风方便。但是，这种采煤方法生产工艺复杂、工作面支护和顶板控制工作量大、操作不便、坑木消耗量大、安全条件差、工作面难以实现机械化。因此，近年来这种采煤方法的使用已逐渐减少。

当煤层不适宜用掩护支架开采时，厚度 2 m 以下的煤层也可采用倒台阶采煤法。

2. 正台阶采煤法

正台阶采煤法是在急倾斜煤层的阶段或区段内沿倾斜或伪斜方向布置正台阶形工作面而沿走向推进的采煤方法。沿伪斜方向布置正台阶工作面的正台阶采煤法又称伪斜短壁采煤法或斜台阶采煤法。

该采煤法是将一个在上下区段平巷之间的伪斜长壁工作面分为若干个短壁工作面，短壁工作面呈正台阶状布置。每个短壁工作面沿倾斜长 5 m 左右。短壁工作面上方利用木支柱、竹笆护顶，使采空区垮落矸石形成的垫层构成人工顶板以隔离采空区。人工顶板与伪斜煤壁之间为一小巷，作为短壁工作面行人、运料、通风、溜煤的通道。

短壁工作面使用风镐落煤，采落的煤先堆积于其下部伪斜小巷的溜煤槽内。各小巷内设挡煤板，当煤堆积到一定高度时，停止采煤，开始从下向上去掉挡煤板放煤。为防止煤炭窜到人工顶板上造成损失，可挂一输送带挡煤板，将煤流落到伪斜小巷内。

采用木支柱支护时，木支柱支在沿顶底板的护板上，排距和柱距为 0.8～1.0 m。人工顶板支柱支在柱窝内，上有短梁，支柱上仰 5°。

短壁工作面用人工回柱，回撤工作面支柱前先补人工顶板柱和加强支柱，再铺上竹笆，然后按矸石堆积的斜面自下而上由采空区向煤壁回收支柱，并使矸石滚到新铺的人工顶板上。放顶时，短壁工作面停止生产，并挡住上短壁工作面的煤流，使回柱放顶与采煤交替进行。各短壁工作面每班推进两排并回柱两排，实行一班一循环、昼夜多循环方式。

这种采煤方法的优点是工作面位于采空区下方，不会积聚瓦斯，为采空区抽采瓦斯创造条件；工作面浮煤少，采出率高，减少了采空区自然发火的隐患；对煤层厚度和倾角变化多、瓦斯含量大等地质条件适应性较强；巷道布置简单、掘进率低。其缺点是短壁工作面多，溜煤相互干扰，工作面利用率低；伪斜小巷断面小，煤尘大；落煤方法、支护设备有待改进；片帮滑底事故仍未能完全杜绝。

这种采煤方法适用于煤厚、倾角有变化或有小构造、厚度在 2.4 m 以下、不宜使用伪斜柔性掩护支架采煤法的急倾斜煤层。

3. 水平分层及斜切分层采煤法

(1) 水平分层采煤法

水平分层采煤法就是沿水平面把煤层划分成若干分层,并在每个分层中布置准备巷道及采煤工作面,然后依次进行回采,采煤工作面一般沿走向推进。

水平分层采煤法分层间的开采顺序及采空区处理方法,有下行垮落法和上行(下行)充填法。我国煤矿普遍采用的是下行垮落法。

(2) 斜切分层采煤法

斜切分层和水平分层工作面的回采工作基本上是一样的,包括落煤、装煤、架支架、铺设人工顶板、回柱放顶等工序。工作面落煤一般采用打眼爆破或用风镐。工作面支架多采用金属支柱和金属铰接顶梁,顶梁垂直工作面布置。人工顶板材料目前一般使用荆笆、竹笆,也可使用金属网。

(3) 水平分层及斜切分层采煤法的优缺点

水平分层及斜切分层采煤法的主要优点是对煤层地质条件适应性强,能适应煤层倾角和厚度的变化,采出率较高。这种采煤法的主要缺点是巷道布置和通风系统复杂,巷道掘进量大,回采工序多,通风运料困难,工作面劳动强度大,特别是水平分层工作面,人工攉煤的劳动繁重,煤炭的产量、效率较低,材料消耗较多。对厚度大于 2 m 的急倾斜煤层,由于倾角、煤厚变化而不能采用伪斜柔性掩护支架采煤法时,可以采用水平分层采煤法,而斜切分层采煤法则适用于更厚的急倾斜煤层。

4. 伪倾斜柔性掩护支架采煤法

伪倾斜柔性掩护支架采煤法的特点是采煤工作面呈直线形,按伪倾斜方向布置,沿走向推进,用柔性掩护支架隔离采空区与回采空间,工作人员在掩护支架的保护下进行采煤工作。

5. 水平分段放顶煤采煤法

在急倾斜特厚煤层中,水平分段放顶煤采煤法类似于水平分层采煤法,其差别是按一定高度划分分段,在分段底部采用水平分层采煤法的落煤方法(机采或炮采),分段上部的煤炭由采场后方放出运走。这样，各段依次自上而下采用放顶煤采煤工艺进行回采。

急倾斜煤层综采放顶煤的采煤工艺过程及其参数选择的原则与缓斜煤层放顶煤采煤法基本相同。采煤工艺过程为割煤、移架、推移输送机和放顶煤，一般割煤进刀量为 0.5 m。放煤自底板向顶板方向依次进行，放煤方式与缓斜放顶煤时大体相同，可以采用多轮顺序或单轮间隔顺序。顶煤高度较大、顶煤裂碎不充分时，一般采用多轮放煤。为了发挥综采设备效能，一般工作面长度宜大于 25 m。

(二) 大采高一次采全厚采煤法

大采高一次采全厚采煤是采用大型机械一次性开采 3.5～6 m 厚煤层的长壁采煤法。受工作面稳定性的限制，适用于倾角较小的煤层；受采高的限制，一般采用综合机械化采煤工艺。大采高一次采全厚采煤法的生产工序主要包括割煤、移架和推移输送机。

大采高一次采全厚采煤法的应用，改善了煤炭开采的工作环境，避免了煤炭的大量丢失，节约了开采时间，提高了煤炭的开采量和工作效率，使煤炭的回采率得到提高，为企业的长远发展提供了可靠保障。

(三) "三下一上"采煤法

"三下一上"采煤是指在建筑物下、铁路下、水体下和承压水体上采煤。在建筑物下和铁路下采煤时，既要保证建筑物和铁路不受开采影响而破坏，又要保证尽量多采出煤炭。在水体下和承压水体上采煤时，要防止矿井发生突水事故，保证矿井安全生产。

(四) 低透气性煤层群无煤柱煤与瓦斯共采关键技术

(1) 沿空留巷围岩结构稳定性控制技术

理论研究和工程实践表明，长壁工作面自开切眼向前推进一段距离后，悬露的基本顶关键块体出现断裂，断裂线相互贯通。块体沿断裂线回转、下沉，进而形成结构块，接触矸石后形成能够自稳的沿空留巷外层结构，称为外层大结构。沿空留巷内层支护围岩的小结构如果只由巷道周围锚杆支护、巷旁充填墙体构成，该结构将在外层大结构形成过程中受到强烈的破坏，有可能不能自稳。由此提出阶段性辅助加强的创新思路，形成巷道组合锚杆支护、巷旁充填墙体、巷内辅助加强支架"三位一体"的沿空留巷围岩整体支护原理，以及一套新型"三高"锚杆支护与自移式强力控顶支架辅助补强的留巷支护技术体系。

“三高”锚杆支护技术以抗剪切的超高强度杆体、高预紧力、高刚度为核心，选择超强杆体、高刚度护网、超大托盘、超强大扭矩阻尼螺母实施大扭矩高预应力，提升主动承载能力，并向围岩扩散，形成高强、主动、高阻、稳定的锚杆支护围岩承载结构。

(2) 快速巷旁充填技术

留巷支护技术体系中采用的自移式辅助加强支架系自主研发，现已形成系列产品，可以成功解决不同开采条件下的巷道围岩稳定控制问题。该支架采用液压支架结构设计，支护强度高、护顶面积大并具有自移功能。

(3) 留巷钻孔法瓦斯抽采技术

① 首采关键层顶板采空区富集瓦斯抽采技术；

② 大间距上部远程煤层膨胀卸压瓦斯抽采技术；

③ 煤层群多层开采底板卸压瓦斯抽采技术；

④ 采空区埋管抽采瓦斯技术。

开采煤层适用条件：薄及中厚煤层；倾角 0°～25°；顶板为中等稳定以上；单一或煤层群开采；顶板稳定性较差的工作面，走向长度小于或等于1 500 m；顶板稳定工作面采用加固措施后，工作面走向长度可适当延长至 3 000 m 左右。

第六节 煤矿通风

一、矿井通风的任务

煤矿生产是地下作业，环境条件复杂；生产过程中有害气体和矿尘的大量产生，以及水分的蒸发和散热作用等因素的影响，使进入矿井空气的成分、温度、湿度等发生了一系列的变化，形成恶劣的气候条件。因此，为了保护煤矿职工的身体健康和生命安全，减少事故的发生，保证正常生产，必须对矿井进行通风。

矿井通风的任务：向井下供给足够的新鲜空气，满足井下人员的需要；冲淡和排出有害气体和浮游矿尘，使之达到安全浓度以下，保证安全生产；调节井下的温度和湿度，提供井下适宜的气候条件，创造良好的生产环境；提高矿井的抗灾能力。

矿井空气是指矿井井巷内的空气。矿井空气的来源是地面空气。地面空气进入井下之后，在井巷中与自然涌出和生产过程中产生的气体、矿尘及水蒸气等混合后成为矿井空气。

二、地面空气的主要成分

地面空气主要由氧气、氮气和二氧化碳等组成，按体积计算，氧气占21%，氮气占78%，二氧化碳占0.04%。此外，还含有稀有气体、水蒸气和灰尘等。

三、矿井空气的主要成分

矿井空气的主要成分虽然仍是氧气、氮气和二氧化碳等，但与地面空气相比成分上发生了变化，这些变化主要是：

(1) 氧气含量降低了。这是因为井下人员的呼吸和各种物质的氧化作用消耗了氧气，同时在生产过程中产生的各种有害气体相对降低了空气中氧气的含量。

(2) 混入了井下产生的各种有害气体。

(3) 混入了煤尘、岩尘等。

(4) 空气的温度、湿度和压力也都发生了变化。

四、矿井空气中的有害气体

矿井空气中有害气体的种类很多，按其性质可分为以下三类：

(1) 爆炸性气体：这类气体在具备一定条件时可发生爆炸。如瓦斯、一氧化碳、硫化氢、氢气等。

(2) 窒息性气体：这类气体本身无毒，但在空气中含量增加时，能使空气中氧气含量相对降低，从而造成人员缺氧窒息。如氮气、二氧化碳、瓦斯等。

(3) 有毒性气体：主要有一氧化碳、二氧化氮、二氧化硫、硫化氢、氨气等。这些气体中，除一氧化碳会使人体血液缺氧造成中毒死亡外，其余各种气体均为刺激性气体，对人体作用的共同点是对眼、鼻、呼吸道黏膜乃至中枢神经系统有较强的刺激作用。刺激作用过强时，会引起全身反应，直至造成死亡。

五、《煤矿安全规程》对矿井空气成分的有关规定

空气中氧气含量的降低和有害气体的增加会对人体健康和生命安全造成严重危害，因此，《煤矿安全规程》对井下空气中氧气的含量及各种有害气体的浓度都做出了明确规定。

(1) 采掘工作面的进风流中，氧气浓度不低于20%，二氧化碳浓度不超过0.5%。

(2) 井下充电室风流中以及局部积聚处的氢气浓度，不得超过0.5%。

(3) 矿井总回风巷或一翼回风巷中甲烷或二氧化碳浓度超过0.75%时，必须立即查明原因，进行处理。

(4) 采区回风巷、采掘工作面回风巷风流中甲烷浓度超过1.0%或二氧化碳浓度超过1.5%时，必须停止工作，撤出人员，采取措施，进行处理。

(5) 采掘工作面及其他作业地点风流中甲烷浓度达到1.0%时，必须停止用电钻打眼；爆破地点附近20 m以内风流中甲烷浓度达到1.0%时，严禁爆破。采掘工作面及其他作业地点风流中、电动机或其开关安设地点附近20 m以内风流中的甲烷浓度达到1.5%时，必须停止工作，切断电源，撤出人员，进行处理。采掘工作面及其他巷道内，体积大于0.5 m^3的空间内积聚的瓦斯浓度达到2.0%时，附近20 m内必须停止工作，撤出人员，切断电源，进行处理。对因甲烷浓度超过规定被切断电源的电气设备，必须在甲烷浓度降到1.0%以下时，方可通电开动。

(6) 采掘工作面风流中二氧化碳浓度达到1.5%时，必须停止工作，撤出人员，查明原因，制定措施，进行处理。

(7) 局部通风机因故停止运转，在恢复通风前，必须首先检查瓦斯。只有停风区中最高甲烷浓度不超过1.0%和最高二氧化碳浓度不超过1.5%，且局部通风机及其开关附近10 m以内风流中的甲烷浓度都不超过0.5%时，方可人工开启局部通风机，恢复正常通风。停风区中甲烷浓度超过1.0%或者二氧化碳浓度超过1.5%，最高甲烷浓度和二氧化碳浓度不超过3.0%时，必须采取安全措施，控制风流排放瓦

斯。停风区中甲烷浓度或二氧化碳浓度超过 3.0%时，必须制定安全排瓦斯措施，报矿总工程师批准。

六、矿井通风方式

根据矿井进风井与出风井之间的相互关系，矿井通风方式可分为中央式、对角式和混合式三种。

1. 中央式通风

进、回风井大致位于井田中央的通风方式为中央式通风。若进风井与回风井均位于井田中央，且相距很近时(一般为 30～50 m)，则称为中央并列式通风；若进风井位于井田中央，回风井位于井田走向中央上部边界上，则称为中央分列式通风。

2. 对角式通风

进风井大致位于井田中央，回风井在两翼的通风方式称为对角式通风。若回风井位于井田两翼上部边界，则称为两翼对角式通风；若各采区均开回风井，不开主要回风巷，则称为分区对角式通风。

3. 混合式通风

井田中央和两翼边界均有回风井的通风方式，即由中央式和对角式两种方式组成的综合通风方式称为混合式通风。

不同的通风方式有不同的优缺点，应根据各矿井开拓方式及生产布置的不同选用不同的通风方式。

七、矿井通风方法

矿井通风方法以风流获得的动力来源不同分为自然通风和机械通风两种。利用自然因素产生的通风动力，使空气在井下巷道中流动的通风方法称为自然通风。利用通风机运转产生的通风动力，使空气在井下巷道中流动的通风方法称为机械通风。在机械通风的矿井中，通风机的工作方式分抽出式和压入式两种。

井下掘进巷道只有一个出口，也就是独头巷道，解决独头巷道的通风问题，叫作局部通风或掘进通风。可以利用矿井总风压通风、局部通风机通风和水力引射器通风。局部通风机通风是掘进巷道时采用的主要通风方法。根据局部通风机安装位置不同分为压入式、抽出式和混合式三种。

这三种方式相比较，压入式通风设备简单，通风效果好，安全性高，适宜各类掘进工作面，是目前采用最广泛的一种局部通风方式。

局部通风机安装使用时应注意以下问题：

(1) 局部通风机必须由指定人员负责管理，任何人不得随意停、开，保证正常运转，并使用低噪声局部通风机或安设消音器。

(2) 压入式局部通风机和启动装置，必须安装在进风巷道中，距回风口不小于 10 m。局部通风机的吸风量必须小于全风压供给该处的风量，以免发生循环风。

(3) 局部通风机供电和闭锁装置应符合《煤矿安全规程》的有关规定。

恢复掘进面通风前，必须检查瓦斯。压入式局部通风机及其开关附近 10 m 以内风流中的瓦斯浓度均不超过 0.5%时，方可人工启动局部通风机。

独头巷道恢复正常通风后，必须由电工对独头巷道中的电气设备进行检查，证实完好后，方可人工恢复有风流动巷道中的一切电源。

使用局部通风机进行通风的掘进工作面，无论工作还是交接班时，都不准停风。因停电、检修等原因停风时必须撤出人员，切断电源。

(4) 局部通风机实行挂牌管理，严禁使用 2 台以上(含 2 台)的局部通风机同时向一个掘进工作面供风。不得使用 1 台局部通风机同时向两个作业的掘进工作面供风。

第七节 煤矿智能化

一、煤矿智能化的概念

煤矿智能化是基于现代智能化理念，将物联网、云计算、大数据、人工智能、自动控制、工业互联网、机器人化装备等与现代矿山开发技术深度融合，形成矿山全面感知、实时互联、分析决策、自主学习、动态预测、协同控制的完整智能系统，实现矿井开拓、采掘、运通、分选、安全保障、生态保护、生产管理等全过程的智能化运行，如图 5-24 所示。

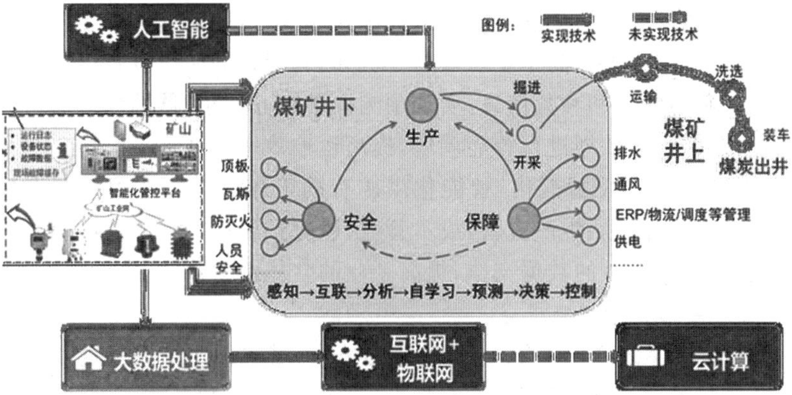

图 5-24　煤矿智能化建设模型

二、煤矿智能化建设的背景与意义

（一）建设背景

我国资源禀赋具有“富煤、贫油、少气”的特征，煤炭是我国能源体系的支柱。尽管近年来新能源行业发展迅速，我国能源结构持续多元化，但煤炭因具备成熟可靠、价格低廉等优势，仍将在较长时期内作为主导型和基础性能源，这推动了煤矿向智能化转型。

随着科技的不断发展，如 5G 技术的广泛应用，为煤矿智能化建设提供了技术支撑，促使煤矿行业逐步向信息化、数字化演进。

（二）建设意义

1. 提升安全性

（1）安全监测全面化：利用先进的传感器和监测设备，可以实时监控矿井中的各种风险因素，如气体浓度、温度、湿度等，及时预警并采取措施避免事故的发生。例如，智能化煤矿能对矿井内的瓦斯浓度进行实时监测，一旦浓度超标就立即报警并采取通风等应对措施。

（2）人员定位精准化：通过高精度的定位技术，可以实现对工人的实时监控和定位，确保他们在矿井内的安全。比如，在发生危险时能够快速确定人员位置以便救援。

2. 提高生产效率

（1）采矿运输自动化：传统煤矿采矿多为人工操作，效率低且安全隐患大，而智能化煤矿利用人工智能和自动化技术，能够实现全自动化采矿和运输，大大提高了生产效率。例如，智能化的矿山设备可以实时获取煤矿的状态和参数信息，实现预测性维护，避免机器的故障停机时间，并根据生产计划进行智能调度，提高运输效率。

（2）资源调配智能化：智能化煤矿有助于煤矿企业实现资源全量化、智能化调配，从生产运营、成本管控、风险预警等多维度为矿企决策层提供精准、实时的数据支撑，提高企业的整体运营效率。

3. 带来更多商业机会

（1）供应链管理优化：通过物联网技术，煤矿企业可以实现煤炭供应链的实时监控和数据分析，有效管理货物的流动和存储。例如，实时掌握煤炭的库存、运输进度等信息，便于合理安排生产和销售计划。

（2）产业协同发展：智能化煤矿与其他相关行业的智能化建设相结合，可以创造更多的价值。例如，与智慧交通系统结合，可以提供更高效的煤炭运输方案；与智慧城市建设相结合，可以实现煤炭资源的智能调度和利用。

三、煤矿智能化的应用领域

（一）人员行为管理

智慧 AI 可以通过图像识别技术对煤矿的视频监测画面进行分析，运用安全帽识别、吸烟识别、人员摔倒识别等人员行为算法，实时判断是否存在违规行为，并第一时间进行报警或采取必要的救援措施，为职工和管理者提供预警信息，从而最大限度地保障职工的安全。

（二）生产运输过程管理

在采煤过程中对煤矿设备进行智能监测，例如通过输送带磨损、跑偏、异物、堵料、撕裂等算法可对煤矿带式输送机进行实时监测，实时掌握煤矿生产运输状态。

四、煤矿智能化的发展现状

根据中国煤炭工业协会的数据，截至 2023 年底，全国煤矿数量减少至 4 300 处左右，其中，年产 120 万吨及以上的大型煤矿产量占全国的 85%以上，建成年产千万吨级煤矿 81 处。“十四五”以来，煤矿智能化采掘工作面由 400 多个增加到 1 600 个左右。

五、智能化煤矿建设中的困难

（一）成本问题

智能化设备的投入成本较高，对煤矿企业来说是一个巨大的负担。例如，引进先进的传感器、智能设备以及相关的软件系统等都需要大量资金投入。

（二）人才与技术问题

智能化煤矿的建设需要专业的技术团队和管理经验，这对于一些中小型煤矿企业是一个挑战。例如，需要掌握物联网、大数据、人工智能等多方面技术的人才来构建和维护智能化煤矿系统。

六、智能化煤矿建设主要内容

（一）智能化采矿方面

智能化采矿主要通过采用先进的采矿设备和技术，实现采煤过程的自动化、智能化和信息化。例如，利用激光扫描技术对煤层进行三维建模，从而达成精准采煤；同时借助智能化控制系统操控采煤机，实现自动化采煤，这样做不仅提高了采煤效率，还降低了人工操作风险。如图 5-25 所示。

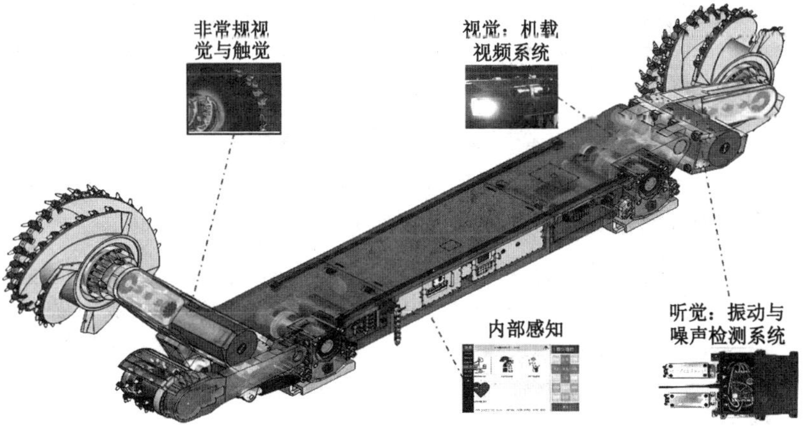

图 5-25　智能化采煤

（二）智能化运输方面

智能化运输是借助先进的运输设备和技术，实现煤矿内部物流的自动化、智能化和信息化。像在煤矿内部采用自动化输送带和AGV等物流设备，实现煤炭的自动化运输。并且运用RFID等技术对物流信息进行实时监控和管理，从而提高物流效率与安全性。

（三）智能化安全方面

主要是运用智能化安全监控和预警系统，达成对煤矿安全的实时监控和预警。比如在煤矿内部使用视频监控、声光报警、气体检测和温度监测等技术，实现对煤矿安全的全方位监控和预警。此外，通过智能化安全管理系统对煤矿安全加以管理和控制，进而提高煤矿的安全性。

（四）智能化管理方面

通过采用智能化管理系统，实现对煤矿生产过程的全面管理和控制。

（五）网络建设相关方面

1. 网络基础设施建设

建设网络基础设施，涵盖局域网、无线网络、互联网等。局域网用于连接各生产设备，实现数据采集和传输；无线网络方便煤矿工人移动办公和生产操作；互联网便于煤矿企业进行外部数据交换和业务合作。

2. 数据采集与传输

利用各种传感器、监控设备等全面监控煤矿生产过程并采集数据，再经网络传输到监控中心进行分析处理，数据采集和传输的稳定性与可靠性是智能化煤矿网络建设成败的关键。

3. 数据处理与分析

这是重要环节，通过对采集到的数据进行处理和分析，能为煤矿企业提供实时生产数据与决策支持。其核心在于构建完善的数据分析平台，运用数据挖掘、机器学习等技术深度分析数据，提取有价值信息，为管理决策提供科学依据。

4. 安全保障

包括网络安全、数据安全和信息安全等。在数据传输和处理过程中，建立完善的安全保障机制，对数据加密保护，防止数据泄露和攻击，保障煤矿企业信息安全。

（六）基本构架相关方面

1. 智能化生产系统

智能化生产系统是智能化煤矿基本构架的一部分，涵盖煤矿生产相关的各个智能化环节，例如开采、运输、设备运行等方面的智能化。

2. 智能化职业健康与安全系统

利用智能化手段保障煤矿工作人员的职业健康和煤矿整体的安全，例如智能的安全监测、预警与防护措施等，类似于前面提到的智能化安全方面内容，但更侧重于人员健康和整体安全体系。

3. 智能化技术与后勤保障系统

为煤矿的智能化运营提供技术支持和后勤保障，包括设备维护、物资管理、技术研发等多方面的智能化管理与保障体系。

第六章　灾害防治与事故应急避险

第一节　瓦斯灾害防治与事故应急避险

矿井瓦斯是矿井五大自然灾害之一，危害严重。不论其涌出量多少，一直是矿井生产的主要危险源，瓦斯灾害的治理是矿井最根本的、最重要的任务之一。因此，每一个职工学习和掌握矿井瓦斯的基本知识，对于防止瓦斯事故的发生，保证煤矿的安全生产和职工的生命安全是十分必要的。

一、矿井瓦斯基本知识

1. 矿井瓦斯的定义

瓦斯是在成煤过程中伴生的一种气体。广义上说它是指煤矿井下生产过程中从煤层和围岩涌出的以甲烷为主的有毒有害气体的总称，有时单独指甲烷。这些气体主要有：甲烷、二氧化碳、一氧化碳、二氧化硫、硫化氢、乙烷、乙烯及少量的氢气。

2. 瓦斯的性质

瓦斯是无色、无味、无嗅的气体，必须用仪器检测才能发现。瓦斯虽然无毒，但如果空气中的瓦斯浓度增加，则氧气浓度相对降低，使空气具有窒息性。瓦斯的化学性质不活泼，微溶于水，具有燃烧性、爆炸性，这一特性会给煤矿带来巨大的灾难。

3. 瓦斯的赋存

煤是一种多孔性固体。煤体中分布着大量的各种不同孔径的孔隙，瓦斯可以赋存在这些孔隙中。因此，瓦斯有可能以两种状态赋存在煤体或围岩中。

（1）游离状态。瓦斯以一种自由气体状态赋存于煤层或岩层的孔隙和裂隙中，这种形式的瓦斯又称自由瓦斯。

（2）吸附状态。由于瓦斯分子和煤分子或围岩分子间的吸引力的作用，使瓦斯可以吸附在煤体和岩体的表面形成一层薄膜，这种形式的瓦斯叫作吸附瓦斯。

（3）煤层瓦斯含量。煤层瓦斯含量是指煤层未采动时，单位质量或单位体积的煤所含有的瓦斯量，单位为 m^3/t 或 m^3/m^3。

4. 矿井瓦斯的涌出

（1）瓦斯的涌出形式

矿井瓦斯的涌出方式可分为：均衡涌出、瓦斯的喷出及突出；普通涌出与特殊涌出。

瓦斯的涌出来源：

① 煤岩壁；

② 采落的煤炭；

③ 采空区；

④ 邻近煤层。

（2）瓦斯涌出量

矿井瓦斯涌出量是指矿井生产过程中，从开采煤层、围岩和邻近煤层涌出瓦斯量的总和。其表达方式分绝对瓦斯涌出量和相对瓦斯涌出量。

① 矿井绝对瓦斯涌出量。指矿井在单位时间里的瓦斯涌出总量。

② 矿井相对瓦斯涌出量。指矿井在正常生产条件下，平均月生产 1 t 煤涌出的瓦斯量。相对瓦斯涌出量可以判断矿井瓦斯涌出量的严重程度。

5. 矿井瓦斯等级的划分

矿井瓦斯等级应当依据实际测定的瓦斯涌出量、瓦斯涌出形式以及实际发生的瓦斯动力现象、实测的突出危险性参数等确定。瓦斯等级可划分为：煤（岩）与瓦斯（二氧化碳）突出矿井（以下简称突出矿井）、高瓦斯矿井、瓦斯矿井。

二、瓦斯爆炸及其预防

瓦斯爆炸就是甲烷（CH_4）在高温火源的作用下，与空气中的氧气发生剧烈的化学反应，生成二氧化碳和水蒸气，同时产生大量的热，形成高温、高压环境，并以极高的速度向外冲击而产生的动力现象。

1. 瓦斯爆炸条件

瓦斯发生爆炸必须同时具备三个基本条件：一是瓦斯浓度在爆炸界限内，一般为5%～16%；二是混合气体中氧气的浓度不小于12%；三是有足够能量的点火源，温度650～750 ℃。瓦斯爆炸的三个条件必须同时满足，缺一不可。

2. 瓦斯爆炸的预防措施

预防瓦斯爆炸应从瓦斯爆炸的三个条件入手，由于井下空气需供工人呼吸，因此氧气浓度肯定大于12%，即应采取措施防止瓦斯积聚和出现引火火源；一旦出现瓦斯爆炸，还要防止爆炸事故扩大。

(1) 防止瓦斯积聚的措施。瓦斯积聚是指在0.5 m^3 及以上空间中瓦斯浓度达到2%及以上浓度的现象。防止瓦斯积聚需要落实瓦斯防治“十二字方针”：先抽后采、监测监控、以风定产，从源头上消除瓦斯的危害。防止瓦斯积聚的基本方法如下：

① 加强通风；

② 加强瓦斯浓度和通风情况的检查；

③ 及时处理局部积聚的瓦斯。

(2) 防止瓦斯引燃的措施：

① 防止明火；

② 防止电火花；

③ 防止爆破引燃瓦斯；

④ 防止机械摩擦、冲击火花。

瓦斯的危害 与瓦斯爆炸	瓦斯爆炸 防治措施

3. 限制瓦斯爆炸范围扩大的措施

(1) 实行分区通风；

(2) 通风系统简单；

(3) 装有主要通风机的出风井口应安装防爆门，以防止发生爆炸时通风机被毁坏，造成救灾和恢复生产困难；

(4) 开采有煤尘、瓦斯爆炸危险的矿井，都必须用水棚或岩粉棚隔开；

(5) 每年必须由煤矿技术负责人组织编制矿井灾害预防和处理计划。

4. 发生瓦斯爆炸事故时的应急避险

(1) 当灾害发生时一定要镇静清醒，不要惊慌失措、乱喊乱跑。当听到或感觉到爆炸声响和空气冲击波时，应立即背朝声响和气浪传来方向、脸朝下、双手置于身体下面、闭上眼睛迅速卧倒。头部要尽量低，有水沟的地方最好趴在水沟边上或坚固的障碍物后面。

(2) 立即屏住呼吸，用湿毛巾捂住口鼻，防止吸入有毒的高温气体，避免中毒和灼伤气管和内脏。

(3) 用衣服将自己身上的裸露部分尽量盖严，以防止火焰和高温气体灼伤皮肉。

(4) 迅速戴好自救器，以防止吸入有毒气体。

(5) 高温气浪和冲击波过后应正确辨别方向，以最快的时间进入新鲜风流中，并按照避灾路线尽快逃离灾区。

瓦斯爆炸事故的应急避险

(6) 无法逃离灾区时，应立即选择进入避难硐室中，充分利用现场的一切器材和设备来保护人员安全。进入避难硐室后要注意安全，最好找到离水源近的地方，设法堵好硐口，防止有害气体进入。注意节约矿灯用电和食品，室外要做好标记，有规律地敲打连接外部的管道、轨道等，发出求救信号。

三、煤与瓦斯突出及其预防

煤与瓦斯突出是指在压力作用下，破碎的煤与瓦斯由煤体内突然向采掘空间大量喷出，这是一种瓦斯特殊涌出方式。

1. 煤与瓦斯突出的预兆

(1) 无声预兆。工作面顶板压力增大,使支架变形、煤壁外鼓、片帮、掉渣、顶板下沉或底板鼓起,煤层层理紊乱,煤暗淡无光泽,煤质变软,瓦斯涌出量异常,煤壁发凉,打钻时有顶钻、卡钻、喷瓦斯等现象。

(2) 有声预兆。煤层在变形过程中发生劈裂声、闷雷声、机枪声、响煤炮,声音由远到近、由小到大,有短暂的、有连续的,间隔时间长短也不同。煤壁发生震动和冲击,顶板来压,支架发出断裂声。

煤与瓦斯突出的预兆

特别注意:瓦斯突出前,并不是所有预兆都出现,仅出现其中一种或数种,而且有的预兆还不明显;也有的预兆距发生突出的时间很短。因此,发现任何预兆都要格外警惕,及时报告、躲避。

2. 煤与瓦斯突出的危害

大量的煤与瓦斯在短时间内向采掘空间突然喷出,突出的煤流或岩石流抛出会掩埋井下作业人员、堵塞巷道,造成风流逆转,破坏井下设施、设备和通风系统。井巷中充满高浓度瓦斯会引起人员缺氧窒息死亡。当突出瓦斯与新鲜风流汇合后,遇到火源还可能发生燃烧或爆炸使灾害事故扩大。

3. 煤与瓦斯突出事故的预防

防突工作必须坚持"区域综合防突措施先行、局部综合防突措施补充"的原则,按照"一矿一策、一面一策"的要求,实现"先抽后建、先抽后掘、先抽后采、预抽达标"。瓦斯突出煤层必须采取两个"四位一体"综合防突措施,做到多措并举、可保必保、应抽尽抽、效果达标,否则严禁采掘活动。对于预防和治理煤与瓦斯突出的各种措施和方法,必须根据具体条件合理选择,并遵守以下各项规定:

煤与瓦斯突出事故的预防

(1) 在突出地点工作的人员,必须经过专门培训,掌握防治突出的基本知识,熟悉突出的各种预兆和井下的避灾路线。

(2) 突出煤层采掘工作面都必须有独立的通风系统,并设专人检查瓦斯。该区域要安设直通矿调度室的电话，发现有突出危险时，立即撤出人员。

（3）在突出危险区工作的人员必须携带隔离式自救器。

（4）在有突出危险的煤层中进行采掘工作时，在一个或相邻的两个采区中，同一煤层的同一区段，禁止布置两个工作面同时相向回采，禁止两个工作面同时相向掘进。

（5）在有突出危险煤层中的掘进工作面，应在其进风侧的巷道中设置两道坚固的反向风门，并保持回风巷道畅通无阻。

（6）在突出煤层采掘工作面附近的进风巷中，必须设置有供给压缩空气的避难硐室或压风自救装置。

4. 发生煤与瓦斯突出事故的应急避险

（1）佩戴隔离式自救器保护自己。

（2）寻找可避难的场所。

（3）新鲜风流区域的职工主动正确参加救护工作。

煤与瓦斯突出事故的应急避险

5. “四位一体”综合防突措施

我国对煤与瓦斯突出的防治技术进行了长期的研究，总结出一套行之有效的两个（区域、局部）“四位一体”综合防突措施，在煤矿生产应用中取得了较好的效果。

（1）区域“四位一体”综合防突措施：区域突出危险性预测、区域防突措施、区域防突措施效果检验、区域验证。

（2）局部“四位一体”综合防突措施：工作面突出危险性预测、工作面防突措施、工作面防突措施效果检验、安全防护措施。

第二节　矿尘防治与事故应急避险

一、矿尘概述

粉尘是指能够较长时间悬浮在空气中的固体颗粒。生产过程中，产生的粉尘称为生产性粉尘。在煤矿生产过程中，打眼、爆破、掘进、割煤、喷浆、运输等工序的作业中，会产生大量的粉尘粒子漂浮在生产环境中，这部分粉尘称为煤矿粉尘。

我国煤矿大多数为井工开采矿井，在掘进、采煤、爆破、装载等各个生产环节都会产生大量粉尘。井下粉尘较多的地点有：采煤或掘进工作面、自溜运输巷道、带式输送机的转载点、煤仓和溜煤眼的上下口以及井口的卸载点等。随着煤矿生产规模的扩大和机械化程度的提高，煤矿粉尘的产生量也随之迅速增大。另外，井下施工用的粉状材料有时会成为高浓度的有害粉尘，如锚喷作业时喷射水泥砂浆或混凝土会产生大量的水泥和砂粒粉尘。

二、粉尘的危害

煤矿粉尘具有很大的危害性，主要表现为以下方面：

(1) 煤尘爆炸是煤矿主要灾害之一，煤尘爆炸时的破坏性很大，尤其是爆炸后产生大量一氧化碳，会引起工作人员中毒死亡。

(2) 污染工作场所，煤矿工人在生产活动中长期接触较高浓度的生产性粉尘，可引起健康损害，较常见的病损有尘肺、鼻咽炎、慢性支气管炎和皮肤病。

(3) 加速机械磨损，缩短精密仪器的使用寿命。

(4) 降低工作场所能见度，增加工伤事故的发生概率。工作面能见度低，往往会导致误操作，造成人员意外伤亡。

矿井粉尘 的危害	矿井粉尘 防治措施

三、煤尘爆炸及其预防

风速过高会引起采掘工作面和运输巷道煤尘飞扬，而风速过低产尘点产生的煤尘排不出去则会增加浮尘量。带式输送机各转载点如不采取有效的防尘措施，则会造成煤尘飞扬。当煤尘含量达到爆炸临界点时，遇电气设备漏电产生的火花、爆破产生的火焰等引爆火源，就会发生煤尘爆炸事故。

1. 煤尘爆炸事故灾害类型

（1）在采掘生产过程中，特别是采掘工作面在爆破、落煤、运输过程中都会产生大量煤尘。一旦煤尘浓度达到爆炸界限，电气设备漏电产生火花、爆破产生火焰时，就会发生煤尘爆炸事故。

（2）煤尘爆炸时会产生高温、高压、有毒有害气体，造成人员伤亡、机械设备和巷道的破坏。强大的冲击波会造成风流逆转、通风系统紊乱，还可能引起其他地点的连续爆炸。

（3）采掘工作面及其回风巷发生煤尘爆炸事故时，将影响本采区；当引起连续爆炸时，影响范围扩大，直至影响整个矿井；进风井附近发生煤尘爆炸事故时将影响其进风流中的所有工作地点，反风不及时将影响整个矿井。

煤尘爆炸事故的危害

2. 煤尘爆炸的条件

煤尘发生爆炸必须同时具备三个基本条件：一是煤尘本身具有爆炸性，并且浮游煤尘要达到一定浓度，下限为 45 g/m^3，上限为 1 500～2 000 g/m^3；二是混合气体中氧气的浓度不小于 18%；三是有足够能量的点火源，温度在 610～1 050 ℃之间。

3. 煤尘爆炸预防措施

（1）矿井开采新水平、新煤层，要及时对煤层进行煤尘爆炸性鉴定。根据鉴定结果采取相应的安全措施，将作业场所的煤尘浓度降低到《煤矿安全规程》规定的浓度以下。

煤尘爆炸事故的防治措施

（2）建立煤尘监测制度，加强采掘工作面和主要场所的煤尘监测，消除煤尘隐患。

（3）加强巡查及管理，防止井下出现明火、爆破火焰、电气火花等引爆火源。

（4）按照“源头治理、科学防治”的原则，认真落实减尘、捕尘、洗尘有关规定。完善防尘洒水系统，采取湿式钻眼，使用水炮泥，爆破前后冲洗煤壁，爆破时采用高压喷雾或压气喷雾降尘，采掘面回风巷按规定安设自动控制风流净化水幕等。转载点采用自动喷雾降尘或密闭尘源除尘器抽尘净化等措施。

四、煤尘爆炸事故的应急避险

发生煤尘爆炸事故后的危险区域,救援人员只能在救人的情况下才能进入,但必须采取有效措施,保证救援人员的安全。

(1) 如事故不能及时得到控制,或有扩大趋势,或抢救非常困难时,由指挥部决定是否请求外援。

(2) 井下发生煤尘爆炸事故时,一般有较大声响和较强的冲击波以及煤尘飞扬。如发生以上情况,立即采取如下措施:

① 无论任何人,凡发现灾害事故时,不论灾害程度如何、波及范围大小,都应立即向矿调度室汇报,并详细说明事故发生的地点、时间、类别及事故现场情况、冲击波的方向、事故可能波及的地点;

② 事故现场的区队长或工程技术人员及通风、安检部门人员应立即组织在场人员采取一切有效措施进行自救和抢险救灾,将事故消除在初发阶段;

③ 不能有效消除危险时,应立即组织灾区人员和受威胁区域的人员迅速沿避灾路线撤离;

④ 采煤工作面发生事故时,受灾人员要以事故区为中心,分别由上、下顺槽撤退,转入安全的进风巷道。

(3) 在发生煤尘爆炸事故时,灾区人员无法迅速撤离时,应考虑下述方法避灾:

① 避灾人员要佩戴自救器或用湿毛巾堵住嘴和鼻子,以隔绝火焰和防止高温有害气体的伤害,待爆炸冲击波过去后,迅速撤到安全地点;

② 不能撤离的人员应迅速转入独头巷道(最好是岩石巷道)等安全地点,关停局部通风机,切断电源,断开风筒,堵住入口,防止有毒气体侵入,并在躲避地点巷道口悬挂矿灯、工具并定时敲打管道、铁轨等发出呼救信号,等待救援;

③ 避灾地点若有压风管,可设法打开压风管路,以便向避难人员输送新鲜空气。

(4) 调度室接到井下灾情报告后，应立即通知矿山救护队赶赴现场实施救援。

(5) 救护队伍到达现场后，要维持事故现场原状，经全面侦察后再采取措施。如果需要开动局部通风机供风时，必须请示指挥部，不能贸然行事。

(6) 爆炸产生火灾，应同时进行灭火和救人，并应采取防止再次发生爆炸的措施。

(7) 井筒、井底车场或石门发生爆炸时，在侦察确定没有火源、无爆炸危险的情况下，应派 1 个小队救人，1 个小队恢复通风。如果通风设施损坏不能恢复，应全部去救人。

(8) 爆炸事故发生在采煤工作面时，派 1 个小队沿回风侧、另 1 个小队沿进风侧进入救人，在此期间必须维持通风系统原状。

(9) 井筒、井底车场或石门发生爆炸时，为了排除爆炸产生的有毒、有害气体，抢救人员应在查清确无火源的基础上，尽快恢复通风。如果有害气体严重威胁回风流方向的人员，为了紧急救人，在进风方向的人员已安全撤退的情况下，可采取区域反风措施。之后，矿山救护队应进入原回风侧引导人员撤离灾区。

(10) 在救灾过程中，应采取措施防止局部火灾或瓦斯爆炸点燃被扬起的沉积煤尘引起二次爆炸。

(11) 根据事故的变化情况，由指挥部决定及时改变处理方案。

(12) 严格停送电措施，防止事故扩大。

(13) 医院急救人员根据情况迅速带齐物品进行现场急救。

(14) 需要矿井反风时，由总指挥下达反风命令。

煤尘爆炸事故的应急避险

第三节　火灾防治与事故应急避险

一、煤矿火灾概述

凡发生在井下或井口附近能够危害到井下安全的火灾，都叫作矿井火灾。发生矿井火灾的原因有两种:一是外部火源引起,二是煤炭物理化学性质的内在因素引起。因此,矿井火灾分为两类:外因火灾和内因火灾。

外因火灾,又称外源火灾,如违章在井下吸烟、在井下拆卸矿灯、放明炮、电焊、气焊等,都可能引起外因火灾。内因火灾,又称煤炭自燃火灾。

火灾事故的分类及发生条件	煤炭自燃的预防措施	外因火灾的预防措施

二、煤炭自燃的初期预兆

煤矿内因火灾事故隐患主要表现为煤炭自然发火。煤炭自燃的初期预兆有如下几种:

(1) 巷道内湿度增加,出现雾气、水珠。煤炭氧化初期生成水分,往往使巷道内湿度增加,出现雾气或在巷道壁上挂有水珠;浅部开采时,冬季在地面钻孔或塌陷处会发现冒出水蒸气或冰雪融化现象。

(2) 煤炭自燃放出焦油味。煤炭从“发烧”(自热)到自燃过程中,氧化时会产生多种碳氢化合物,并放出煤油味、汽油味、松节油味或焦油味等。当嗅到这些气味时,说明煤已燃烧到了一定程度。

(3) 巷道内发热,气温升高。煤炭氧化自燃过程中要释放出大量热量,因此,从自然发火的地方流出的水和空气的温度比平时要高,人的皮肤可以直接感觉到。

煤炭自燃的预兆

(4) 人有疲劳感。煤炭氧化自燃过程中,会放出有害气体,如二氧化碳、一氧化碳、二氧化硫等,这些有害气体会使人感到头痛、闷热、精神不振、不舒服、有疲劳感,尤其是多数人有同感时,应提高警惕,查明原因,以防矿井火灾的发生。

三、井下火灾的灭火方法

煤矿灭火方法有直接灭火、隔绝灭火和封闭火区等。

1. 直接灭火

(1) 采用灭火剂或挖出火源等方法把火直接扑灭，称为直接灭火法。常用的灭火剂有水、泡沫、干粉、二氧化碳、四氯化碳、卤代烷、惰气、砂子和岩粉等。

矿井火灾灭火方法	二氧化碳灭火器使用方法	干粉灭火器使用方法	消防栓使用方法

① 水。水是不燃液体，是消防上常用的灭火剂之一，使用方法有水射流和水幕两种形式。

② 泡沫。泡沫是一种体积小，表面被液体围成的气泡群。泡沫的比重小，且流动性好，可实现远距离立体灭火，具有持久性和抗燃烧性，导热性能低，黏着力大。

③ 干粉。干粉灭火剂是目前公认的灭火效率较高的一种新型的化学灭火剂，应用范围比较广泛。

④ 卤代烃灭火剂。常用的卤代烃灭火剂是用氟、氯、溴取代甲烷和乙烷中的氢而成的，因此也叫卤代烷灭火剂。

⑤ 砂子和岩粉。砂子和岩粉在煤矿中广泛应用于扑灭电气火灾。

(2) 消除可燃物。

直接灭火除了向火源喷射灭火剂以外，在有些条件下还可以采用挖除火源清除可燃物，消除燃烧的物质基础。

(3) 采用凝胶处理高温点和自燃火源。

凝胶是近年来应用于煤矿井下防灭火较为广泛的材料，由基料[硅酸盐(水玻璃)]+促凝剂(碳酸氢氨等盐类)+水(90%左右)组成。

(4) 灌浆灭火。

灌浆灭火是煤矿井下常用的一种灭火方法。灌浆灭火的方法因火源位置而异。常用的方法有：井下巷道（钻窝）打钻灌浆、在火区密闭墙上插管灌浆和地面钻孔注浆三种。

2. 隔绝灭火

当不能直接将火扑灭时，为了迅速控制火势，使其熄灭，可在通往火源的所有巷道内砌筑密闭墙，使火源与空气隔绝。

3. 封闭火区

封闭火区的方法分为以下三种：

（1）锁风封闭火区。从火区的进回风侧同时构筑密闭，封闭火区时不通风。这种方法适用于氧气浓度低于瓦斯爆炸界限（＜12％）的火区。

（2）通风封闭火区。在保持火区通风的条件下，同时构筑进回风两侧的密闭。

（3）注惰气封闭火区。

四、火灾事故的应急避险

（1）井下若发现烟气或明火等火灾灾情，应立即通知在附近工作的人员及调度室。

（2）如果火灾不大，应立即组织力量扑灭。

（3）如果火灾范围大或是火势凶猛，则应在撤出灾区人员、保证自身安全的前提下，采取稳定风流、控制火势发展、防止人员中毒和预防瓦斯或煤尘爆炸的措施。并随时保持与地面指挥部的联系，根据指挥部的命令行事。

火灾事故
应急避险

（4）见到火或突然接到火警通知，需要立即撤退人员，要在判明灾情和自己实际处境以及应采取的应急措施的前提下再采取行动。

五、发生火灾事故后安全撤离的注意事项

发生火灾事故时，如果不能直接扑灭或控制灾情，应迅速撤离火灾现场，撤离时要注意以下事项：

（1）要尽最大可能迅速了解或判明事故的性质、地点、范围及事故区域的巷道情况、通风系统、风流、火灾烟气蔓延的速度和方向，以及与自己所处巷道位置之间的关系，并根据矿井灾害预防与事故处理计划和现场实际情况确定撤退路线和避灾自救方法。

（2）撤退时，任何人无论在任何情况下都不要惊慌、不能狂奔乱跑，应在现场负责人和有经验的老工人带领下有组织地撤退。位于火源进风侧的人员，应迎着新鲜风流撤退。位于火源回风侧的人员或是在撤退途中遇到烟气有中毒危险时，应迅速佩戴好自救器，尽快通过捷径绕到新鲜风流中去；或是在烟气没有到达之前顺着风流尽快从回风出口撤到安全地点；如果距火源较近而且越过火源没有危险时，也可迅速穿过火区撤到火源的进风侧。

（3）如果在自救器有效作用时间内不能安全撤出时，应在设有存储备用自救器的硐室换用自救器后再行撤退，或是寻找有压风管路系统的地点以压缩空气供呼吸之用。

（4）撤退行动既要迅速果断又要快而不乱。撤退中应靠近巷道有连通出口的一侧行进，避免错过脱离危险区的机会，同时还要随时注意观察巷道内风流的变化情况，谨防火风压可能造成的风流逆转。

（5）如果是逆风或顺风撤退都无法躲避着火巷道或火灾烟气造成的危害，则应迅速进入避难硐室，没有避难硐室时应在烟气袭来之前选择合适的地点就地利用现场条件快速构筑临时避难硐室，进行避灾自救。

第四节　水灾防治与事故应急避险

一、矿井涌水来源及危害

矿井水来源于地表水和地下水，如图 6-1 所示。

1. 地表水

地表水主要是指矿区附近地面的江河、湖泊、池沼、水库、废弃的露天坑和塌陷坑积水以及雨水和冰雪融化汇集的水。

降雨和春季冰雪融化是地表水的主要来源。在开采浅部煤层时，由于地面形成塌陷区，地表水可能沿开采塌陷裂缝涌入井下；雨季不能及时排出矿区降雨时，雨水可能通过土层的孔隙和岩层的细小裂缝渗

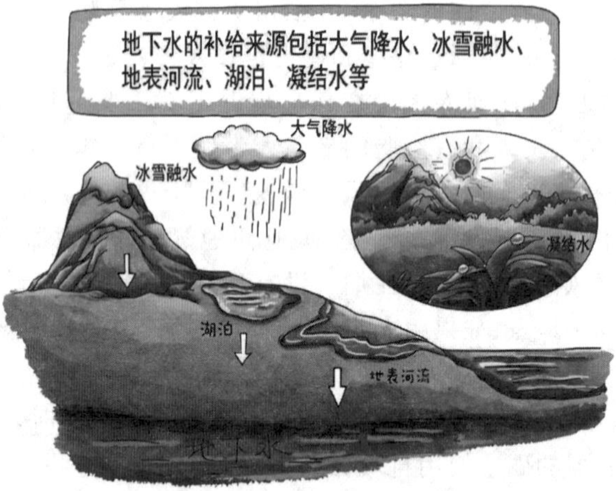

图 6-1　矿井水的来源

透到井下，在较短时间内把井巷或整个矿井淹没。

矿区附近的江河、湖泊、池沼、水库、低洼地、废弃的露天坑道等蓄存积水，可通过断层、裂隙、石灰岩溶洞与井下沟通，使地表水有可能进入井下造成突水事故。

2. 地下水

地下水主要是指含水层水、断层裂缝水和老空积水。这些水源可能从各种通道和岩层裂缝渗透进入矿井，是水灾的主要水源。

3. 矿井水的危害

(1) 井下巷道和采掘工作面出现淋水时空气潮湿，人易患风湿病。

(2) 矿井水腐蚀井下各种金属设备、支架、轨道等。

(3) 如果发生了突水和透水事故，就可能淹没采掘工作面或矿井，造成人员伤亡。

二、矿井水灾事故的防治

防治水工作要坚持以防为主、防治结合，以及当前与长远、局部与整体、地面与井下、防治与利用相结合的原则；坚持“预测预报、有疑必探、先探后掘、先治后采”的十六字方针；落实“探、防、堵、疏、排、截、监”七项措施。根据不同的水文地质条件，采用不同的防治方法，因地制宜，统一规划，综合治理。具体措施如下：

(1) 严格按照规定留设防隔水煤(岩)柱。

(2) 在必要的地点或井下设置截水建(构)筑物，如防水闸门和防水闸墙。

(3) 建立完善的井下排水系统。

(4) 严格按照有关规定进行矿井探放水。

1. 地表防治水

地表水综合治理是指在地面采取修筑防排水工程，填堵塌陷区、洼地和隔水防渗等措施，防止与减少雨水和地面水大量流入矿井。特别是要防止雨季山洪暴发时，突然而来的洪水沿着井筒和井下与地面的通道流入矿井造成水灾。地表防治水可以概括为“疏、防、排、蓄”四个字。

(1) 疏：如果矿井四面是山，大气降水与地表水流不出去，开凿泄洪隧道，把矿区内的汇集水疏通到矿区外。

(2) 防：矿井井口标高、地面建筑物的基础标高，都应高于当地历年的最高洪水位。矿区受山洪威胁时，在山坡上应修挖防洪沟堵截山洪。矿区地表的塌陷区，包括塌陷裂缝、塌陷洞等，要堵塞、填平、压实。对漏水的沟渠、河流，应该整铺河底或改道；报废的地面钻孔要及时封好，防止地表水流入井下。

(3) 排：对洪水季节河水有倒流现象的矿区，应在泄洪总沟的出口处建立水闸，设置排洪站，以备河水倒流时用水泵向外排水。

(4) 蓄：在矿区上游有利地形修建水库，雨季前把水放到最低水位，以争取最大蓄洪量，减少降水对矿井的威胁。

2. 井下防治水

井下水害防治比较复杂，要根据矿井的实际水患情况采取具体的防治措施。

(1) 做好矿井地质和水文地质观测工作，查明水源，调查老空，掌握涌水通道。

(2) 超前探水。“有疑必探，先探后掘”是防治矿井水灾的重要原则。《煤矿安全规程》规定：

① 在水淹区域应标出探水线的位置，采掘到探水线位置时，必须探水前进。

② 井田内存在与河流、湖泊、溶洞、含水层等有水力联系的导水断层、裂隙（带）、陷落柱时必须查出其确切位置，并按规定留设防水煤（岩）柱。巷道必须穿过上述构造时，必须探水前进。如果前方有水，应超前预注浆封堵加固，必要时预先建筑防水闸门或采取其他防治水措施。

③ 当导水裂隙带范围内的含水层或老空积水影响安全开采时，必须超前探放水并建立疏排水系统。

（3）放水。探到水源后即可放水。放水前，应估计积水量、水位标高、矿井排水能力和水仓容量等。水量不大时可利用探水孔放水，水量很大时需要另打放水钻孔放水。

三、透水事故及其防治

矿区内大气降水、地表水、地下水通过各种通道涌入井下，成为矿井涌水。当矿井涌水量超过矿井正常排水能力时即会发生水患，称为矿井水灾，通常也称为透水。

煤矿水害是指发育于主要开采煤层顶底板直接或间接含水层中的水，在矿井采掘过程中通过天然或人为扰动的导水通道进入矿井，并给矿井带来灾害的过程与结果。煤层或岩层透水前，一般都有预兆，井下工作人员都应该熟悉发生透水事故前的各种预兆，以便及时采取防范措施。

矿井水灾的特点

（1）一般预兆

① 煤层发潮发暗。由于水的渗入，使煤层变得潮湿，光泽变暗淡，如果挖去一层仍是这样，说明附近有积水。

② 巷道壁或顶板“挂汗”。它是积水通过岩石微小裂隙时，凝聚于岩石表面的水珠。顶板“挂汗”多呈尖形水珠，而煤炭自然发火预兆中的“挂汗”则常常是平行水珠，是水蒸气凝结于顶板所形成的。

③ 煤层变凉。煤层含水时能吸收人体的热量，用手触摸时会有发凉的感觉，并且手放的时间越长，感到越凉，并使空气变冷，产生雾气。

④ 工作面顶板淋水加大，或出现压力水头。

⑤ 从煤层或岩层裂缝中挤出"嘶嘶"的水叫声，表示有涌出危险；出现压力水流，这是离水源很近的征兆；若出水混浊说明离水源较近；若出水清，说明离水源稍远。

⑥ 工作面有害气体增加，积水区向外散出的主要有害气体有硫化氢、二氧化碳、甲烷等。

⑦ 煤壁或巷道"挂红"，水的酸度大，味发涩，有臭鸡蛋味，通常属于"死水"，这是老空积水的突水预兆。

⑧ 断层水多属"活水"，水无涩味，很少出现"挂红"现象。

⑨ 溶洞水有时呈黄色或灰色，带有臭味。

⑩ 开掘井筒在浅部常遇到冲积层水，开始水小，夹有泥沙后水量变大。

因此，当发现工作面有涌水预兆或发生大量涌水时，说明已接近水区，应停止作业，迅速向矿调度室汇报，及时采取措施。

(2) 工作面底板含水层突水预兆

① 压力增大，底板鼓起，鼓起量最大达 500 mm 以上，很明显；

② 底板产生裂隙，并逐渐增大；

③ 煤帮渗水，水色时清时浊，底板活动时水浊，稳定时水清；

④ 沿裂隙有高压水喷出，并伴有"嘶嘶"的水叫声或刺耳的水叫声；

⑤ 底板发生"底爆"伴有巨响，地下水大量涌出。

(3) 老空水突水预兆

① 煤层发潮，色暗无光；

② 煤层"挂汗"；

③ 采掘面、煤层和岩层内温度低、发凉；

④ 若在采掘工作面、煤壁岩层内听到"吱吱"的水叫声，说明离水体不远，有突水危险；

⑤ 老空水呈红色，伴有臭鸡蛋气味，口尝发涩，若水甜且清则是流沙水或断层水。

水灾事故的预兆

(4) 与承压水有关的断层水突水预兆

① 采掘工作面煤壁“出汗”，有水珠；

② 采掘工作面空气变冷；

③ 采掘工作面空气中出现雾气；

④ 底板出现一定水头的涌水；

⑤ 出现喷水现象；

⑥ 岩层出水发浑。

（5）冲积层水突水预兆

① 采掘工作面顶板压力突然变大；

② 采掘工作面煤层发潮、光泽变暗；

③ 顶板淋水发浑，并有铁锈或黄泥色；

④ 顶板淋水从局部开始逐渐加大并且伴有大量“细沙”和“黄泥”；

⑤ 采掘工作面空气变冷，水温低。

（6）透水事故的处理措施

发生透水事故或矿井被淹，首先是救出井下人员，其次是排出积水，尽快恢复生产。采掘工作面或其他地点发现有突水预兆时，必须发出警报，撤出所有受水威胁地点的人员。

最先发现透水的现场工作人员，一方面报告矿调度室，另一方面迅速组织抢救。工作人员需要打木垛或用密集柱，堵住出水点，防止事故继续扩大；水势猛来不及进行加固时，人员应向高处撤退，安全出井。

井下突水，破坏了巷道中的照明和避灾路线上的指示牌，人员一旦迷失方向，必须朝着有风流通过的上山巷道方向撤退，这些上山巷道可以通达地面。切勿进入独头下山巷道。万一被堵在其他巷道内，应做到以下几点：

（1）在巷道内或硐室口放上衣服、工具做标志，以便救护队员尽早发现，前来营救。

（2）应保持静卧，尽量减少体力消耗，延长生命。

（3）硐室内只留一盏灯照明，将其余灯关闭，以延长照明时间。

（4）间断地敲击管道，发出呼救信号。

矿井水灾
防治措施

（5）要听从指挥，团结一致，等待救援。

在透水后，井下排水设备应全部启动，并保证排水设备处于完好状态。人员撤到地面后，应立即清点人数，积极组织力量进行抢险救灾，营救遇险人员。

四、矿井发生突水事故时的应急避险

矿井发生突水事故时，要根据灾情迅速采取以下有效措施进行紧急避险：

（1）在突水迅猛、水流急速的情况下，现场人员应立即避开出水口和泄水流，躲避到硐室内、拐弯巷道或其他安全地点。如情况紧急来不及转移躲避时，可抓牢棚梁、棚腿或其他固定物体，防止被涌水冲倒或冲走。

（2）当老空水涌出，使所在地点有毒有害气体浓度增高时，现场职工应立即佩戴好隔离式自救器。在未确定所在地点空气成分能否保证人员生命安全时，任何人禁止随意摘掉自救器的口具和鼻夹，以避免中毒窒息。

（3）井下发生突水事故后，决不允许任何人以任何借口在不佩戴防护器具的情况下冒险进入灾区，否则，不仅达不到抢险救灾的目的，反而会造成自身伤亡、扩大事故。

水灾事故
应急避险

（4）水害事故发生后，现场及附近地点工作的人员在脱离危险后，应迅速观察和判断突水地点、涌水程度、现场被困人员情况等，并立即报告矿调度室。同时，应利用电话或其他联络方式及时向下部水平和其他可能受到威胁区域的人员发出警报通知。

五、发生突水事故后撤离现场应注意的事项

如涌水来势凶猛、现场无法抢救或者将危及人员安全时，井下职工应沿着规定的避灾路线和安全通道迅速撤退到上部水平或地面。在行动中应注意下列事项：

（1）井下发生水灾初期的自救

① 井下发生突水后，应立即用最快的方法通知附近地区的人员按

照《矿井灾害预防和处理计划》中所规定的路线撤出。

② 突水初期，水势很猛，冲击力很大，人员撤退时一定要注意向高处走，沿着上山方向进入上一个水平，然后出井。

③ 撤退中，如出路已被水隔断，就要寻找井下位置最高、离井筒和大巷最近的地点暂时躲避；同时定时敲击钢轨和水管发出求救信号。

④ 如突水区设有水闸门，在人员撤出后，要立即关死水闸门，把水流完全隔断。

⑤ 水泵房人员在接到突水事故报警后，要立即关闭泵房两侧的密闭门，启动所有水泵，把突出的水尽快排出；没接到矿井救援指挥中心的撤退命令，绝对不可离开工作岗位。

⑥ 突水后，特别是老空区的积水突出以后，往往会从老空区放出大量有害气体，如瓦斯、硫化氢等，所以在避灾自救中要注意防止有害气体中毒和窒息事故发生。

（2）水灾现场处理

① 应迅速判定水灾的性质，了解突水地点、影响范围、静止水位，估计突出水量、补给水源及有影响的地面水体。

② 要掌握灾区范围、搞清事故前人员分布，分析被困人员可能躲避的地点以便迅速组织抢救。

③ 根据突水量的大小和矿井排水能力，积极采取排、堵、截水的技术措施。

④ 加强通风，防止瓦斯和其他有害气体的积聚和发生熏人等事故。

⑤ 在排水后进行侦察、抢险时，要防止冒顶、掉底和二次突水。

⑥ 在抢救和运送长期被困井下的人员时，要防止突然改变他们已适应的环境和生存条件，以免造成不应有的伤亡。

（3）撤离注意事项

① 撤离前，应当设法将撤退的避灾路线和目的地告知矿井救援指挥中心。

② 透水后，应在可能的情况下，迅速观察和判断透水的地点、水

源、涌水量、发生的原因、危害程度等情况，根据预防水灾的避灾路线迅速撤至透水地点以上的水平，而不能进入突水点附近及下方独头巷道。

③ 行进中应靠近巷道一侧，抓牢支架或其他固定物体，尽量避开压力水头和泄水主流，并注意防止被水中滚动的矸石和木料砸伤。

④ 如透水破坏了巷道中的照明和路标，迷失行进方向时，遇险人员应朝着有风流通过的上山巷道方向撤退。

⑤ 在撤退沿途和所经过的巷道交叉口，应留设指示行进方向的明显标志，以提示救护人员注意。

⑥ 人员撤退到竖井需从梯子间上去时，应遵守秩序，不要慌乱和争抢。行动中手要抓牢，脚要蹬稳，切实注意本人和他人安全。

⑦ 撤退中，如唯一出口被堵塞无法撤退时，应有组织地在独头工作面躲避，等待救护人员营救，严禁盲目潜水等冒险行为。

⑧ 被困期间断绝食物后，即使在饥饿难忍的情况下，也应努力克制自己，绝不嚼食杂物充饥。需要饮用井下水时，选择适宜的水源，并用纱布或衣服过滤。

⑨ 长时间被困井下，发现救护人员到来时，不可过度兴奋和慌乱。

第五节 顶板灾害防治与事故应急避险

顶板事故是指在井下采掘和生产服务过程中，顶板意外冒落造成的人员伤亡、设备损坏、生产中止等事故，是煤矿五大自然灾害之一，如图 6-2 所示。其导致的事故危害主要有三种：一是人员被堵、被埋或伤亡；二是影响通风系统安全运行；三是造成设备损坏、生产中止。

一、顶板冒落的预防

(1) 采取有效的支护措施。

(2) 及时处理局部漏顶，以免引起大范围冒顶。

图 6-2　顶板灾害事故

顶板事故的分类、特点及原因	顶板事故的预防

(3) 坚持“敲帮问顶”制度。在进入采掘工作面装煤、支护前，要“敲帮问顶”，处理已离层的顶板，如果处理不了，要用点柱先支撑。

(4) 严格按照规程作业。严禁空顶作业，所有支架必须架设牢固并采取防倒柱措施，严禁在浮煤或浮矸上架设支架。

二、顶板冒落的预兆

(1) 响声。顶板连续发出断裂声，这是由于直接顶和基本顶发生离层，或顶板切断发出的声音。有时采空区内顶板会发出像闷雷的声音，这是基本顶和上方岩层产生离层或断裂的声音。岩层下沉断裂、顶板压力急剧加大时，支架会发出很大声响。

(2) 掉渣。顶板岩石已有裂缝和碎块，其中小矸石稍受震动就掉落。

(3) 片帮。冒顶前煤壁所受压力增加，变得松软，片帮煤比平时多。

(4) 漏顶。破碎的伪顶或直接顶，在大面积冒顶以前，有时因为背顶不严或支架不牢而出现漏顶。

(5) 裂缝。顶板的裂缝张开，裂缝增多。

(6) 脱层(离层)。检查顶板是否脱层要用“敲帮问顶”的方法，如果声音清脆，表明顶板完好；如果顶板发出“空空”的响声，说明上下岩层已经脱离。

(7) 瓦斯涌出量突然增大。

(8) 顶板淋水增大。

顶板冒落的预兆

三、发生冒顶事故时的应急避险

(1) 迅速撤离。当发现工作地点有即将发生冒顶的征兆而当时又难以采取措施防止顶板冒落时，要迅速离开危险区，撤退到安全地点。

(2) 及时躲避。当冒顶发生又来不及撤至安全地点时，应靠煤帮贴身站立避灾，但要注意煤壁片帮伤人；如靠近木垛，也可撤至木垛处避灾。

(3) 立即求救。冒落基本稳定后，遇险人员应立即采用呼叫、敲打(不要敲打对自己有威胁的支架、物料和岩块)等方法，发出有规律、不间断的求救信号，以便撤离的人员了解灾情，组织力量进行抢救。

(4) 自救和互救。事故发生后，遇险人员要听从灾区班组长和有经验的老工人的指挥，在保证安全的前提下，积极开展自救和互救。正视已发生的灾害，注意保持体力，未受伤和受轻伤人员，要采取切实可行的措施设法营救被掩埋人员，并尽可能脱离险区或转移到较安全地点等待救援。

冒顶事故应急避险

(5) 配合营救。发生冒顶埋人事故时，被埋压的人员不要惊慌失措，切忌激烈挣扎；被隔堵的人员应在遇险地点保护好自身安全，构筑脱险通道，配合外部的营救工作。

四、冒顶的应急处置

1. 发现冒顶预兆时的应急处置

(1) 迅速撤退到安全地点。

(2) 遇险时要靠煤帮贴身站立或到木垛处避灾。

(3) 遇险后立即发出求救信号。

(4) 遇险人员要积极开展自救和互救。

(5) 被隔堵人员要积极配合外部营救工作。

2. 采煤工作面冒顶处置措施

(1) 当冒落的煤、矸埋压人时，不可惊慌，应在区队长、班组长和有经验的老工人的指挥下，严密监视冒落的顶板及两帮情况，加固冒顶处10 m范围内支护，用长柄工具捣掉悬矸、危岩后，由有经验的工人由外向里进行支护，动作要迅速，并设专人观察顶板。同时，留好退路，严防顶板继续冒落伤人，组织人力积极抢救被埋人员。

(2) 抢救时要仔细侦察，分析遇险者位置和被压情况，尽量不破坏冒落矸石的堆积状态，小心搬开煤、矸救出伤员，严禁用锹、镐等强挖硬刨。

(3) 救出伤员后及时进行止血、包扎、骨折固定等，对发生休克的伤员要立即进行人工呼吸等现场救助并迅速送往医院。

(4) 若垮落、冒顶将人员堵在独头巷道时，被堵人员要沉着、冷静，不要慌乱、乱喊乱叫，要设法自救。

(5) 若冒顶面积大，处理时间长，被堵人员要静卧休息，节约矿灯电量、食物和水，减少氧气消耗，有压风管路时可打开阀门，放入空气供人呼吸。若冒落的煤和矸不太大，可扒出通道口时，应由有经验的老工人监视顶板，其他人员轮流攉扒出通道进行自救。同时，应间断性地敲击金属物发出求救信号。

3. 掘进、巷修工作面冒顶处置措施

(1) 当发生冒顶事故时，现场人员不可惊慌，要在区队长、班组长和有经验的老工人指挥下，严密监视顶板及两帮的情况，在确保安全的前提下立即加强、加固冒顶处10 m范围内的支护。

(2) 处理冒顶时，要用长钎捣掉可能冒落的悬矸、危岩，由有经验的老工人由外向里进行支护。一般采用架设木垛的方法，在没有冒落危险的情况下，设专人观察顶板，留好退路，迅速架好支架，排好护顶木垛，一直到冒顶最高点将顶托住。

(3) 当冒落的煤、岩石埋压住人员时，要仔细侦察、分析遇险人员的位置和被埋压情况，在安全的前提下组织抢救工作。抢救中要尽量不破坏冒落岩石的堆积状态，小心搬开冒落的岩石，严禁使用锹、镐等强挖硬刨，严防对埋压人员造成二次伤害。

（4）救出的伤员要及时进行止血、包扎、骨折固定等，发生休克的要立即进行人工呼吸等现场救助并迅速送往医院。

（5）若冒落的矸石将人员堵在独头巷道内时，被堵人员要沉着、冷静，不要乱喊乱叫。若冒顶面积大，处理的时间长，被堵人员应立即静坐休息，注意节约矿灯电量、食物和水，减少氧气消耗，保持足够的体力。有压风管的应打开压风阀门，保持良好的通风；若冒顶面积不太大，被堵人员应在区队长、班组长和有经验的老工人指挥下，专人监视顶板情况，采用轮番攉扒冒落岩石的方法组织自救，并间断性敲打铁管、钢轨等发出呼救信号，等待救援。

（6）当冒顶的范围大，影响通风或人员被堵，可采用小断面快速修复的方法，架设比原来巷道规格小的临时支护，采用撞楔法把冒落的岩石控制住，从巷道两侧清理岩石，且边清理边维护，防止煤矸流入巷道。帮顶维护好后，就可以架设永久支护。

（7）当冒顶的长度大，不易处理时，可采用打绕道的方法，绕过冒落区去抢救被堵人员，或绕过冒落区后再转入正常掘进。

第六节　爆破安全

一、爆炸材料知识

1. 炸药定义

炸药是指在受到一定外界能量作用后，自身能够发生极为迅速的化学反应，并生成大量的高温、高压气体和热量的物质。

矿用炸药：指矿业开发时爆破施工所使用的炸药。

2. 矿用炸药的分类

（1）按主要组成成分将矿用炸药分为硝酸铵类炸药、含水类炸药和硝化甘油类炸药。

（2）按应用范围和使用条件可分为煤矿许用炸药和非煤矿许用炸

药;煤矿许用炸药又分为煤矿铵锑炸药、煤矿水胶炸药、煤矿乳化炸药、离子交换型高性能炸药和被筒炸药。离子交换炸药是当前我国煤矿许用炸药中安全性最高的一种,特别适用于有煤与瓦斯突出危险的工作面。

(3) 按化学成分结构分为单体炸药和混合炸药。

3. 对炸药及爆炸器材使用安全的规定

(1) 低瓦斯矿井的岩石掘进工作面必须使用安全等级不低于一级的煤矿许用炸药。

(2) 低瓦斯矿井的煤层采掘工作面、半煤岩掘进工作面必须使用安全等级不低于二级的煤矿许用炸药。

(3) 高瓦斯矿井、低瓦斯矿井的高瓦斯区域,必须使用安全等级不低于三级的煤矿许用炸药。有煤(岩)与瓦斯突出危险的工作面,必须使用安全等级不低于三级的煤矿许用含水炸药。

(4) 严禁使用黑火药和冻结或半冻结的硝化甘油类炸药,同一工作面不得使用 2 种不同品种炸药。

(5) 井下爆破作业必须使用煤矿许用电雷管。在采掘工作面,必须使用煤矿许用瞬发电雷管或煤矿许用毫秒电雷管。使用煤矿许用毫秒延期电雷管时,最后一段的时间不得超过 130 ms。不同厂家生产的或不同品种的电雷管,不得掺混使用。不得使用导爆管或普通导爆索,严禁使用火雷管。

(6) 井下爆破必须使用发爆器。开凿或延深通达地面的井筒时,无瓦斯的井底工作面中可使用其他电源起爆,但电压不得超过 380 V,并必须有电力起爆接线盒。发爆器或电力起爆接线盒必须采用矿用防爆型(矿用增安型除外)。

(7) 每次爆破作业前,爆破工必须做电爆网路全电阻检查。严禁用发爆器打火放电检测电爆网路是否导通。发爆器必须统一管理、发放。必须定期校验发爆器的各项性能参数,并进行防爆性能检查,不符合的严禁使用。

(8) 发爆器的把手、钥匙或电力起爆接线盒的钥匙,必须由爆破工随身携带,严禁转交他人。不到爆破通电时,不得将把手或钥匙插入发爆器或电力起爆接线盒内。爆破后，必须立即将把手或钥匙拔出，摘掉母线并扭结成短路。

(9) 严禁在 1 个采煤工作面使用 2 台发爆器同时进行爆破。

4. 炸药爆炸引燃引爆瓦斯、煤尘的机理

(1) 爆炸气体产物的直接发火作用。炸药爆炸生成的高温、高压气体产物，在爆炸瞬间可被加热到 1 800～3 000 ℃的高温，大大超过了瓦斯和煤尘的引火温度。在气体膨胀过程中，由于其扩散和渗透作用，逐渐和瓦斯、浮尘这些空气中的介质相混合。一段时间后，在膨胀气体的边部形成了爆炸产物、瓦斯、浮尘和空气的可燃性混合物。如果混合物的温度达到了瓦斯、浮尘爆炸的点火温度，而且存在时间超过感应时间，就会发火产生火焰，甚至引起爆炸反应。

此外，当炸药为负氧平衡或因炮眼内残留煤粉，都会产生大量的可燃性气体。这些气体和矿井瓦斯、浮尘混合后，形成"二次火焰"，易于引燃、引爆矿井瓦斯或煤尘。

(2) 炽热固体颗粒的发火作用。当爆炸产物中的炙热固体颗粒产物或当爆炸不完全时，使一部分尚未分解或正处于燃烧的炸药颗粒从炮眼中飞出落入瓦斯、浮尘、空气混合物，如接触时间超过感应时间，就可能引起瓦斯燃烧或瓦斯、煤尘爆炸。

(3) 爆炸形成空气冲击波的发火作用。空气冲击波的压力、温度和作用时间是随着炸药总量增加而增大的。因此，当爆热一定时，必须对装药量加以限制。实验表明，采用安全炸药时，因炸药能量用于破碎和抛掷，形成空气冲击波的能量较小，引燃瓦斯的可能性不大。如工作面存在反射障碍物时，因反射压力、温度、作用时间较入射波要大得多，冲击波的强度将会呈若干倍增加。当这种冲击波的作用时间大于该温度时的瓦斯和煤尘爆炸的感应时间，特别是装药量过大时，就有可能引燃、引爆瓦斯和煤尘。因此，《煤矿安全规程》规定，在装药地点附近 20 m 以内，严禁有矿车、未清除的煤、矸或其他物体堵塞巷道断面 1/3 以上，没有处理前严禁装药爆破。

二、煤矿许用炸药的特点

根据炸药氧化反应和炸药引燃引爆瓦斯的机理，煤矿许用炸药应具有以下特点：

（1）根据炸药的安全等级限制炸药的爆热、爆温和爆压。

（2）炸药配比应接近于零氧平衡。

（3）爆炸后无炙热固体产物。

（4）爆炸反应要完全。

（5）炸药或爆炸产物中不能含有促进往上连锁反应的成分和外来夹杂物。

（6）煤矿许用炸药中要加入消焰剂，从根本上抑制火焰。

（7）爆炸产生的有毒、有害气体量要符合国家标准。

三、爆炸材料的运送

《煤矿安全规程》规定，由爆炸材料库直接向工作地点用人力运送爆炸材料时，应遵守下列规定：

（1）电雷管必须由爆破工亲自运送，炸药应由爆破工或者在爆破工监护下运送。

（2）爆炸材料必须装在耐压和抗撞冲、防震、防静电的非金属容器内，不得将雷管和炸药混装。

（3）携带爆炸材料上、下井时，每层罐笼内搭乘的携带爆炸材料的人员不得超过 4 人，其他人员不得同罐上下。

用人力运送爆炸材料时，还必须遵守《爆破安全规程》的有关规定：

（1）不得提前班次领取爆炸材料，不得携带爆炸材料在人群聚集的地方停留。

（2）每人每次运送的爆炸材料不得超过以下数值：

① 同时搬运炸药和起爆材料不得超过 10 kg；

② 拆箱（袋）运、搬炸药不得超过 20 kg；

③ 背运原包装炸药不得超过一箱（24 kg）；

④ 挑运原包装炸药不得超过两箱（48 kg）。

用人力运送爆炸材料时，背药工必须走在前面，爆破工在后面押运，间隔距离保持在 5～30 m，行走途中应与爆破工做到互保联保、相互提醒，防止滑倒摔伤、跌入水沟等意外情况。

四、爆破操作规定

(1) 爆破前准备。要把爆破地点周围 10 m 范围内巷道的电缆、风水管路等设备掩盖好，工具移放到工作面后安全地点。

(2) 装药顺序：炸药→起爆药卷→黏土炮泥→水炮泥→黏土炮泥。参与装药人员应为班组长及熟练的工人。

(3) 爆破严格执行"一炮三检"制度和"三人连锁爆破"制度。"一炮三检"制度是工作面装药前、爆破前、爆破后必须检查工作面的甲烷浓度，当甲烷浓度达到 1.0%时，工作面严禁装药爆破。"三人连锁爆破"制度即爆破工、班组长、瓦斯检查工三人必须同时参加爆破工作的全过程并执行换牌制，程序为：爆破工检查连线无误后，将警戒牌交给班组长；班组长检查现场符合爆破条件后，设置警戒、清点人数，将爆破命令牌交给瓦斯检查工；瓦斯检查工检查瓦斯符合爆破要求后，将携带的爆破牌交给爆破工；爆破工连接母线和脚线，最后离开爆破地点，发出爆破警号，至少再等 5 s 方可完成通电爆破工作，爆破后三牌各归原主。

(4) 爆破警戒规定。

① 警戒距离：爆破前人员必须撤到进风巷反向风门外的全风压通风的新鲜风流中。所有警戒点必须在爆破前由跟班队长巡视，确定警戒到位后，向调度室汇报，在调度室确认回风巷道内没有人员后，方可通知爆破。

② 所有警戒点处必须设置警戒绳，警戒绳外设置爆破警戒牌；所有满足警戒距离规定的地点必须设置警戒；警戒人员必须在安全地点警戒，且一个警戒人员不得同时警戒两条通路。

③ 警戒流程：

a. 爆破工在检查连线工作无误后，通知班组长布置警戒，并要求警戒人员进行签字确认。

b. 班组长亲自安排专人在警戒点和其他可能进入爆破地点的通路上担任警戒工作，设置警戒必须严格执行"去二回一"。回执人必须回到爆破地点进行签字确认，最后与班组长同时离开工作面。

c. 布置警戒同时要将警戒区域内所有人员撤出。撤人时，负责警戒区域内撤人任务的人员必须大声叫喊“放炮撤人了”。

d. 警戒撤人工作完成后，班组长负责落实警戒区域内是否有人，并清点人数，确认无误后汇报跟班队长，跟班队长进行二次确认，并由班组长或跟班队长签字确认。

e. 由瓦斯检查工检查瓦斯，符合条件后，班组长方可下达起爆命令。

f. 起爆命令下达后，跟班队长、班组长、回执人、瓦斯检查工同时离开爆破地点。

g. 爆破工接到爆破命令后，才允许将爆破母线与连接线进行连接，母线与连接线连接后，爆破工即吹哨并大声叫喊“要放炮啦”；待其他人员离开后，爆破工最后离开爆破地点。

h. 起爆前，爆破工必须回头看，吹哨并大声叫喊三声“放炮啦”，至少再等 5 s 方可起爆。

(5) 井下爆破作业必须使用红色阻燃输送带。

(6) 在制作起爆药卷前，当班班组长按爆破炮眼数量安排爆破工制作起爆药卷，按雷管段别分别装在相应的炮眼内(如Ⅰ段雷管必须装在掏槽眼内)，起爆药卷制作完毕，由班组长与爆破工共同确认。

(7) 装完所有炮眼后，爆破前，脚线的连接工作由爆破工进行，保证所有的起爆药卷都连入爆破网路。连接完毕后，爆破工方准一人进行爆破母线脚线连接、检查线路和通电工作。

(8) 爆破前，班组长清点本班人数，亲自布置专人在警戒线或可能进入爆破地点的所有通道上担任警戒工作。警戒人员在安全地点警戒，并在警戒线处设置警戒牌，确认无误后，方准班组长下达起爆命令。

(9) 爆破工每次爆破都必须最后一个离开爆破地点，并必须在安全地点起爆。撤人、警戒等措施及起爆地点到爆破地点的距离必须在作业规程中具体规定。

起爆地点到爆破地点的距离应当符合下列要求：

① 岩巷直线巷道大于 130 m，拐弯巷道大于 100 m。

② 煤(半煤岩)巷直线巷道大于 100 m，拐弯巷道大于 75 m。

③ 采煤工作面大于 75 m，且位于工作面进风巷内。

（10）打眼和装药不得同时进行，严禁放糊炮、明炮。

（11）装药前和爆破前有下列情况之一的，严禁装药、爆破：

① 掘进工作面的空顶距离超过 400 mm。

② 爆破地点附近 20 m 以内风流中甲烷浓度达到 1.0%时。

③ 在爆破地点 20 m 以内，有未清除的煤、矸或其他物体堵塞巷道断面 1/3 以上。

④ 炮眼内发现异状、温度骤高骤低、有显著瓦斯涌出、煤岩松散、透老空等情况。

⑤ 掘进工作面风量小于《煤矿安全规程》规定的风量。

（12）通电以后拒爆时，爆破工必须先取下钥匙，并将爆破母线从电源上摘下，扭结成短路，再等待一定时间（使用瞬发电雷管时至少等 5 min；使用延期电雷管时至少等 15 min），才可沿线路检查，找出拒爆的原因。

（13）处理拒爆、残爆时，必须在班组长指导下进行，并应在当班处理完毕。如果当班未能处理完毕，当班爆破工必须在现场向下一班爆破工交接清楚。处理拒爆时，必须遵守下列规定：

① 由于连线不良造成的拒爆，可重新连线起爆。

② 在距拒爆炮眼 300 mm 以外另打与拒爆炮眼平行的新炮眼，在拒爆眼内插入炮棍作为导向标志，重新装药爆破。

③ 严禁用镐刨，或从炮眼中取出原放置的起爆药卷，或从起爆药卷中拉出电雷管；不论有无残余炸药严禁将炮眼残底继续加深；严禁用打眼的方法往外掏药；严禁用压风吹拒爆（残爆）炮眼。

④ 处理拒爆的炮眼爆破后，爆破工必须详细检查炸落的煤、矸，收集未爆的电雷管。

⑤ 在拒爆处理完以前，严禁在该地点进行与处理拒爆无关的工作。

（14）炮眼深度和炮眼的封泥长度应符合下列要求：

① 炮眼深度小于 0.6 m 时，不得装药、爆破；在特殊条件下，如挖底、刷帮、挑顶确需进行炮眼深度小于 0.6 m 的浅孔爆破时，必须制定安全措施并封满炮泥。

② 炮眼深度为 0.6～1 m 时，封泥长度不得小于炮眼深度的 1/2。

③ 炮眼深度超过 1 m 时，封泥长度不得小于 0.5 m。

④ 炮眼深度超过 2.5 m 时，封泥长度不得小于 1.0 m。

⑤ 深孔爆破时，封泥长度不得小于孔深的 1/3。

⑥ 光面爆破时，周边光爆炮眼应当用炮泥封实，且封泥长度不得小于 0.3 m。

⑦ 工作面有 2 个或 2 个以上自由面时，煤层中最小抵抗线不得小于 0.5 m，岩层中最小抵抗线不得小于 0.3 m；浅眼爆破大岩块时，最小抵抗线和封泥长度均不得小于 0.3 m。

⑧ 当巷道上山掘进工作面采用爆破作业时，采用深度不大于 1.0 m 的炮眼远距离全断面一次爆破。

第七节　用电安全

一、矿井供电系统

矿井供电系统是指由矿井地面变电所、井下中央变电所、采区变电所、工作面配电点按照一定方式相互连接起来的一个整体。

1. 煤矿企业对供电的基本要求

由于煤矿井下特殊的生产条件，为了保证矿工的生命、财产安全，要求供电安全、可靠、经济和技术合理。

(1) 供电安全。煤矿井下存在水、火、瓦斯、煤尘、顶板五大自然灾害，自然条件恶劣，生产环境复杂，容易发生触电、爆炸等事故。

(2) 供电可靠。煤矿供电中断，不仅影响产量，而且会因为停电而停止通风、排水，从而引发爆炸、水害等各种重大事故的发生，危及矿工生命、财产安全，有时甚至毁掉整个矿井。

(3) 供电技术合理。技术合理性也指保证供电质量好，即使供电的电压、频率及谐波成分达到一定的技术标准，电压波动范围不超过额定值的±5%。

(4) 供电经济。由于煤矿电气设备耗电量大、输电功率大，如果设计不合理会造成许多电能的浪费。

2. 电力负荷的分类

由于不同的用电负荷在安全生产中的地位与作用有所差异，因此它们对供电的需求不尽相同，如矿井提升、通风、调度等负荷，对供电有较高的要求。根据矿井用电负荷的重要性和停电后的影响不同，矿井用电负荷可以分为以下三级：

(1) 一级负荷：因突然停电，可能造成人身伤亡或者重要设备损坏，造成重大经济损失的，属于一级负荷。

(2) 二级负荷：因供电突然中断，给矿井造成大量减产或较大经济损失的，属于二级负荷。

(3) 三级负荷：不属于一级、二级负荷的其他用户或用电设备，属于三级负荷。

3. 矿井供电电压等级

(1) 煤矿常用电压等级。

为了保证煤矿井下供电安全，《煤矿安全规程》对井下各级电压等级进行了具体的规定。《煤矿安全规程》第 445 条规定，井下各级配电电压和各种电气设备的额定电压等级，应符合下列要求：

① 高压不超过 10 000 V。

② 低压不超过 1 140 V。

③ 照明和手持式电气设备的供电额定电压不超过 127 V。

④ 远距离控制线路的额定电压不超过 36 V。

⑤ 采掘工作面用电设备电压超过 3 300 V 时，必须制定专门的安全措施。

(2) 10 kV 电压直接下井供电。

随着井下机械化程度的提高，采掘工作面机组容量的加大，6 kV 供电电压在某些矿井已不能满足要求，特别是一些大型矿井甚至特大型矿井，开始采用 10 kV 电压直接下井。

4. 矿井供电系统的类型

根据矿井的井田范围、煤层埋藏深度和地质条件，矿井供电系统可分为深井供电系统和浅井供电系统。煤层埋藏深度大于 150 m 时应采用深井供电系统，小于 150 m 时应采用浅井供电系统。

5. 变压器中性点的运行方式

(1) 变压器中性点直接接地运行方式。

(2) 变压器中性点不接地运行方式。

(3) 变压器中性点采用消弧线圈接地运行方式。

6. 井下中央变电所

井下中央变电所是井下供电枢纽,是电能配送的中心。单一水平生产的矿井设一个井下中央变电所;多水平的生产矿井,每个水平各设一个井下中央变电所。

7. 采区供电

随着采掘机械化程度的提高以及工作面电气设备总容量的增加,对井下采区供电提出了新的要求。

(1) 采区供电电压已普遍提高,采用 660 V 或 1 140 V。

(2) 为了缩短低压供电距离,一般使用隔爆移动变电站。为了配合采煤机组快速推进的需要,广泛采用组合式电气设备。

(3) 在采区电气安全方面,广泛采用阻燃移动式橡套屏蔽电缆,使用漏电闭锁、有选择性漏电保护装置,使用照明、信号综保。

二、矿井供电的要求

(1) 矿井应有两回路电源线路,当任一回路发生故障停止供电时,另一回路应能担负矿井全部负荷。

(2) 井下各水平中央变(配)电所、主排水泵和下山开采的采区排水泵房供电的线路,不得少于两回路。

(3) 主要通风机、提升人员的立井绞车、抽采瓦斯等主要设备房,应各有两回路直接由变(配)电所馈出的供电线路。

(4) 井下各级配电电压和各种电气设备的额定电压等级,应符合《煤矿安全规程》要求。

(5) 升降人员和主要井口绞车信号装置的直接供电线路上,严禁分接其他负荷。

三、电气保护装置的作用

电气保护装置作为供电系统的电气安全保护设施,可以针对具体的电气故障或隐患,实现有效的防范与控制。在供电系统中使用的电气保护装置有多种类型，其主要作用有两项：一是在系统的设备或线路发生故障时，其保护装置迅速准确地发出跳闸命令，使故障设备或线路及时从系统中断开，最大限度地减少设备或线路本身的损坏，降低对系统安全供电的影响。二是反映电气设备或线路的正常工作情况，并根据不正常工作情况和运行维护条件的不同发出信号，以便值班人员进行处理，或由装置自动地进行调整，或将那些继续运行可能引起事故的部位予以切除。

四、井下电气保护的类型

煤矿井下使用的电气保护种类较多，《煤矿安全规程》要求使用的保护主要有：漏电保护、过电流保护、保护接地、电压保护、风电甲烷闭锁等。

五、矿用电气设备的类型

煤矿井下使用的电气设备可分为两大类，即矿用一般型电气设备和矿用防爆型电气设备。

1. 矿用一般型电气设备

矿用一般型电气设备是专为煤矿井下生产的不防爆的电气设备，标志为“KY”。

2. 矿用防爆型电气设备

矿用防爆型电气设备是按照国家标准设计制造的，不会引起周围爆炸性混合物爆炸的电气设备。防爆型电气设备外壳上均有清晰的标志“Ex”，矿用隔爆型电气设备的防爆标志为“Exd1”。

六、隔爆型电气设备的防爆原理

隔爆型电气设备的防爆性能是靠隔爆外壳的耐爆性和不传爆性来保证的。

1. 隔爆外壳的耐爆性

隔爆外壳的耐爆性是指当壳内的爆炸性气体混合物爆炸时，在最大爆炸压力作用下，外壳不会变形、损坏。因而爆炸产生的高温、高压气体和火焰不会直接点燃壳外的爆炸性气体混合物。

2. 隔爆外壳的不传爆性（又称隔爆性）

隔爆外壳的不传爆性是指壳内的爆炸性气体混合物爆炸时产生的

高温气体或火焰，通过外壳各接合面的间隙向壳外喷泻过程中能得到足够的冷却，使之不会点燃周围的爆炸性混合物。

七、井下人身触电及其预防

人的身体触及裸露的带电导体或因绝缘损坏而带电的电气设备的外壳、构架等，都会造成人身触电事故。触电对人体会造成严重危害，其直接危害可分为电伤和电击两种。

电伤是电流通过人体某一局部时电弧烧伤人体，造成人体外部局部性伤害，一般容易治愈，严重时可使人致残，但一般不会致人死亡。

电击是指触电时电流流过人体内部器官和中枢神经，使内部器官的生理功能受到损害，如使心脏功能紊乱、呼吸活动变慢、肌肉强烈收缩而造成窒息等。发生电击，若抢救不及时或抢救方法不当，多数会致人死亡。

电击对人体的危害程度与多种因素有关，其中最主要的是通过人体电流的大小和电流持续的时间。试验资料表明，通过人体的交流电超过 15 mA 时，会使人抽筋；达 50 mA 时，对人的生命已有危险；若增加到 100 mA 时，就很快致人死亡，故非常危险。因此，煤矿井下取 30 mA 为人身触电电流的安全值。

井下发生触电事故的原因，一般是电气设备的安装、维修不当，以及工作中疏忽大意或违章作业。预防人身触电应做好以下几方面的工作：

(1) 防止人身触电或靠近带电导体。

(2) 降低使用电压。

(3) 遵守各项安全用电作业制度。

八、人身触电的抢救

当发生人身触电时，必须立即进行抢救。及时正确的抢救可使触电者脱离危险，转危为安，否则，触电者可能丧失生命。

在抢救触电人员时，应注意如下事项：

(1) 坚持先断电后抢救的原则，尽快使触电者脱离电源。

(2) 如伤员有外伤，要保持伤口干燥，不可用水清洗创面，应按烧伤进行处理。

（3）触电人员有的会出现长时间的“假死”症状，因此，在抢救时一定要充满信心。

九、井下用电安全措施

（1）严禁井下配电变压器中性点直接接地；地面中性点直接接地的变压器或发电机严禁直接向井下供电。

（2）正确安装、使用电气设备，按规定对电气设备进行检查、维修和保养。

（3）严禁带电检修、搬迁电气设备和电缆、电线；检修或搬迁前，必须先切断电源。

（4）严格执行停送电制度。

（5）井下低压电网“三大保护”，即过电流保护、漏电保护和保护接地应齐全。

（6）严格电工操作规程。

（7）正确选择电缆和铺设电缆，加强电缆管理，防止井下电缆发生事故。

（8）井下供电应做到：无“鸡爪子”、“羊尾巴”和明接头；有过流和漏电保护装置、螺钉和弹簧垫、密封圈和挡板及接地装置；电缆悬挂整齐，设备硐室清洁整齐；防护装置、绝缘用具、图纸资料齐全；坚持使用检漏继电器、照明和信号综合保护及甲烷电和风电闭锁。

（9）坚持煤矿井下安全用电“十不准”：不准带电检修；不准甩掉无压释放装置和过流保护装置；不准甩掉漏电继电器和局部通风机风电闭锁装置；不准明火操作，明火打点，明火爆破；不准用铜、铝、铁丝代替保险丝；停风、停电的掘进工作面，未经瓦斯检查不准送电；有故障的供电线路不准强送电；电气设备的保护装置失灵后不准送电；失爆设备、失爆电器不准使用；不准在井下拆卸矿灯。

第八节　提升与运输安全

一、提升运输的基本任务

矿井提升运输系统是矿井生产的重要环节，其基本任务是：

(1) 将井下采出的煤炭、矸石等通过提升运输系统运送到地面。

(2) 将井下生产、安全维护、巷道修护等所需要的器材、设备等运送到工作面。

(3) 运送井下工作人员。

二、提升运输系统的组成

矿井提升运输系统主要由 3 个基本环节组成,包括:井筒提升系统、水平大巷运输系统及采区运输系统。

1. 井筒提升系统

井筒提升系统是联系井下与地面的重要运输系统,利用提升机滚筒传动的钢丝绳牵引提升容器在井筒内往返运行,完成提升或下放人员及货载的任务。提升机主要有缠绕式和摩擦式两种。

2. 水平运输系统

水平运输系统主要有:

(1) 电机车运输,煤矿使用的电机车主要有架线式和蓄电池式两类。

(2) 胶轮车运输。

(3) 带式输送设备。

3. 采区运输系统

采区运输系统主要设备包括:

(1) 刮板输送机。

(2) 带式输送机。

三、提升容器运行安全

立井中升降人员应使用罐笼或带乘人间的箕斗。在井筒内作业或因其他原因,需要使用普通箕斗或救急罐笼升降人员时,必须遵守有关规定。专为升降人员和升降人员与物料的罐笼(包括有乘人间的箕斗)应符合下列要求:

(1) 乘人层顶部应设置可以打开的铁盖或铁门,两侧装设扶手。

(2) 罐底必须满铺钢板,如果需要设孔时,必须设置牢固可靠的门;两侧用钢板挡严,并不得有孔。

(3) 进出口必须装设罐门或罐帘,高度不得小于 1.2 m。罐门或罐帘下部边缘至罐底的距离不得超过 250 mm，罐帘横杆的间距不得大于 200 mm。罐门不得向外开，门轴必须防脱。

（4）提升矿车的罐笼内必须装有阻车器。

（5）单层罐笼和多层罐笼的最上层净高（带弹簧的主拉杆除外）不得小于 1.9 m，其他各层净高不得小于 1.8 m。带弹簧的主拉杆必须设保护套筒。

（6）罐笼内每人占有的有效面积应不小于 0.18 m^2，罐笼每层内一次能容纳的人数应明确规定。超过规定人数时，把钩工必须加以制止。

提升装置的最大载重量和最大载重差，应在井口公布，严禁超载和超载重差运行。箕斗提升必须采用定重装载。

升降人员或升降人员和物料的单绳提升罐笼、带乘人间的箕斗，必须装设可靠的防坠器。

检修人员站在罐笼或箕斗顶上工作时，必须遵守下列规定：

（1）在罐笼或箕斗顶上，必须装设保险伞和栏杆。

（2）必须系保险带。

（3）提升容器的速度一般为 0.3～0.5 m/s，不得超过 2 m/s。

（4）检修信号必须安全可靠。

四、刮板输送机运行安全

刮板输送机因其机身高度小，便于装载，机身伸长或缩短方便，机体坚固，可用于爆破装煤工作面，运输能力不受货载的块度和湿度的影响等，在煤矿井下得到了广泛应用。常见刮板输送机运输事故有：保护不到位致使人员靠近时被转动部件绞伤；机头、机尾因锚固不牢而突然被拉翘起，打伤或挤伤附近人员；违章乘坐输送机或在溜槽内行走被刮板链拉伤、打伤等。

保证刮板输送机安全运行的主要措施有：

（1）各运转部位应设保护罩或防护栏杆，输送机的机尾应设盖板，以防人员误入机尾内。

（2）刮板输送机运送材料时的取放顺序是：放料要顺刮板运行方向，先放前端后放尾端；取料要先取尾端后取前端。

（3）严禁任何人乘坐刮板输送机或在其上行走。

(4) 井下电钳工处理刮板输送机故障时,必须停电停机,并挂有“正在检修,不准送电”的牌子。

(5) 在刮板输送机长度范围内,安装声光信号或警铃,开机前先发信号,然后点动试车,待确认无问题后再正式运行。

五、带式输送机运行安全

由于带式输送机运输能力大、运距长、工作阻力小、耗电量少,而且运输过程中破碎性小,撒煤少,降低了煤尘和能耗,因而被广泛地应用于煤矿井下工作面平巷和集中运输巷。井下使用的带式输送机有普通绳架式、可伸缩式、嵌钢丝绳芯式和钢丝绳牵引式等几种类型。井下常见带式输送机事故有:人员违章乘坐、跨越带式输送机被拉伤、刮伤;运转中清理机头、机尾杂物,或清刮滚筒、托辊上的黏着物被卷入滚筒造成伤亡;检修时人员站在机头架上拉输送带,掉入驱动滚筒被挤伤等。

保证带式输送机运行安全的主要措施包括:

(1) 各运转部位要安设保护罩或保护栏杆。

(2) 在需要跨越处,必须设“过桥”。

(3) 运输机运行时,严禁用铁锹刮铲滚筒上的煤泥;清理带下积煤时,人员不得钻入带下。

(4) 严禁使用长柄工具拨正跑偏的带式输送机。

(5) 无明确规定时,带式输送机严禁乘人;在允许乘人时,必须严格按规定执行。

(6) 带式输送机开动前,要先点动试车,发出开机信号,待观察没有异常情况时,方可正式开机。

(7) 检修时必须先切断电源,停止运转,并挂“正在检修,不准送电”的牌子。

(8) 安装输送机时要做到平、直、稳,运转灵活,巷道两侧要有不少于 0.5 m 的宽度。

六、井下电机车运输安全

电机车运输是煤矿井下大巷运输环节普遍采用的运输方式,其运输能力强,运输物品范围广,机动性好。

常见电机车运输事故有:司机操作失误或巷道安全间隙不够、信号失灵等造成车辆撞人、轧人、挤人等；由于人员违章扒车、跳车，或上、下人车时不遵守安全规定，造成触电、摔伤等人身事故；车辆运行中，司机违章将头和身体伸出车外，造成人身伤害事故。

预防井下电机车事故的主要措施有：

(1) 轨道铺设质量和运输巷道两侧的安全间隙应严格按《煤矿安全规程》规定执行，并经常检查和及时处理运输线路上存在的安全隐患。

(2) 电机车司机必须经过培训，考核合格。

(3) 机车运行中，司机严禁将头和身体探出车外。

(4) 定期检修机车和矿车，并经常检查，发现安全隐患，及时处理。

(5) 机车运输时，列车或单独机车都必须前有照明，后有红灯；正常运行时，机车必须在列车前端，同一区段轨道上不得行驶非机动车辆。如果需要行驶非机动车时，必须经井下运输调度站同意；两机车或两列车在同一轨道同一方向行驶时，必须保持不少于 100 m 的距离。

(6) 列车通过的风门，必须设有当列车通过时能够发出在风门两侧都能接收到声光信号的装置。

(7) 列车的制动距离每年至少测定 1 次。

(8) 电机车架空线的悬挂高度和悬挂质量应符合《煤矿安全规程》的规定。

(9) 人员在运输巷道中乘车或行走要严格执行安全规定；携带较长的金属物件要防止触及架空线；严禁在车辆运行中扒车、跳车。

(10) 用电机车运送人员时，乘人车场的各项安全设施应符合《煤矿安全规程》的规定，人员乘车必须听从工作人员指挥。

(11) 完善电机车运输系统的通信、调度管理工作，完善运输系统的安全设施。

(12) 车辆运送的设备、材料应摆放整齐，捆绑牢固，不准超高、超长、超宽。

七、井下斜巷运输安全

斜井及采区上下山、倾斜巷道的运输工作，除采用带式输送机运送原煤外，普遍采用绞车串车运输的方法。串车运输发生最多、危害最严重的事故是跑车事故，其主要原因有：

（1）钢丝绳断裂导致跑车。

（2）连接装置断裂导致跑车。

（3）窜销或脱钩导致跑车。

（4）人员误操作导致跑车。

（5）绞车制动装置出现故障，制动力矩不足，也会发生因制动失效而跑车。

（6）倾斜井巷安全防护设施不全或未按规定使用，导致跑车事故发生或使事故扩大而造成人员伤亡。

为预防斜巷跑车伤人事故，应积极采取如下预防措施：

（1）严格贯彻执行“行车不行人，行人不行车”的规定。

（2）斜井串车提升严禁蹬钩、行人。

（3）运送物料时，开车前把钩工必须检查牵引车数、各车的连接和装载情况。

（4）每班都要对钢丝绳、钩头、车辆及车辆的连接装置、保险绳等进行认真检查，发现问题及时处理。

（5）矿车与矿车间和矿车与钩头间的连接，都必须使用防脱装置。

（6）绞车制动装置要灵活可靠，闸瓦间隙合适；司机操作时要防止发生松绳冲击；下放车辆必须给绞车送电，严禁不送电松闸放车。

（7）绞车司机、信号工、把钩工要固定岗位，严格执行操作规程。

（8）严格按照《煤矿安全规程》的规定在倾斜井巷内、上部平车场及各车场安设防跑车装置（阻车器、保险绳等）和跑车防护装置（挡车器或挡车栏）并严格管理，正确操作使用。

第七章　职业危害与职业病防治

第一节　煤矿职业危害因素与职业病

一、煤矿职业危害因素

职业危害因素是指在生产过程、劳动过程和生产环境这三项劳动条件中，对从业人员的健康和劳动能力产生有害作用的作业场所的危害因素。职业危害因素包括：职业活动中存在的各种有害的化学、物理、生物因素以及在作业过程中产生的其他有害因素。

煤矿生产中主要的职业危害因素有粉尘、有毒有害气体、噪声和振动、不良气候条件等。

1．粉尘

粉尘是煤矿的主要职业危害因素之一。煤矿生产中，采煤、掘进、支护、提升运输、巷道维修等生产环节均会产生粉尘，这些粉尘可能使从业人员患上尘肺病。

2．有毒有害气体

由于井下爆破、煤氧化、煤中放出等原因，矿井空气中含有甲烷（CH_4）、一氧化碳（CO）、二氧化碳（CO_2）、二氧化氮（NO_2）、硫化氢（H_2S）、二氧化硫（SO_2）、氨气（NH_3）等有毒有害气体，会导致职业中毒。

3．噪声和振动

煤矿噪声和振动主要来源于井下机械化生产，其危害取决于生产过程、生产工艺和所使用的工具，如风动凿岩机和局部通风机的噪声和振动等。职工长期在噪声下工作，可能造成听力下降，甚至引起耳聋；长期接触振动，可能导致局部疼痛，甚至引起内脏器官损伤。

4. 不良气候条件

煤矿井下的不良气候条件有气温高、湿度大、不同地点风速大小不等和温差大等。长期在潮湿环境下工作的人员易患风湿性关节炎等。此外，劳动强度大、作业姿势不良也是煤矿井下工作的特点，易造成井下从业人员腰腿疼和各种外伤。

二、职业病

职业病是指企业、事业单位和个体经济组织的劳动者在职业活动中，因接触粉尘、放射性物质和其他有毒、有害物质等因素而引起的疾病。

煤矿常见的职业病有以下几种。

1. 矽肺病

矽肺是由于在职业活动中长期在含游离二氧化硅10%以上、粉尘浓度大于2 mg/m^{3}或含游离二氧化硅10%以下、粉尘浓度大于10 mg/m^{3}的环境中工作，吸入含游离二氧化硅呼吸性粉尘（矽尘）而引起的肺间质弥漫性纤维化病变的疾病。

2. 煤工尘肺病

煤工尘肺是由于在煤炭生产活动中长期吸入煤尘而引起的肺的弥漫性纤维化病变的疾病，它是我国煤炭行业累计患病人数最多、每年发病人数最多、对煤矿工人身体健康危害最大的职业病。

尘肺病

3. 水泥尘肺病

水泥尘肺是由于在职业活动中长期吸入较高浓度的水泥粉尘而引起的一种尘肺。水泥尘肺发病工龄较长，病情进展缓慢，发病工龄多在10～15年。

4. 职业性噪声聋

职业性噪声聋是由于在职业活动中长期接触高噪声而发生的一种进行性的听觉损伤。患者早期会出现听力下降，继续长期接触，听力损失不能完全恢复，由功能性改变发展为器质性退行性病变。

5. 皮肤病

煤矿井下作业的工作环境、防护用品使用、长期缺少阳光照射、煤矿除(防)尘措施和煤矿职工卫生状况等因素综合,对职工皮肤有一定的影响,导致从事井下作业的工人易发生毛囊炎、痤疮、皮肤瘙痒症、胼胝等皮肤病。

6. 振动病及局部振动病

振动病及局部振动病是因长期接触强烈的生产性振动所引起的一种疾病。早期可出现肢端感觉异常、振动感觉减退,主要症状为手麻、手疼、手胀、手凉、手掌多汗、手痛(多在夜间发生),其次症状为手僵、手颤、手无力(多在工作中发生),手指遇冷即出现缺血发白,严重时血管痉挛明显。

7. 噪声性耳聋

噪声性耳聋是由于长期处于强噪声环境中而引起的一种缓慢进行的耳聋。长期在强噪声的环境中工作,易引起听觉系统的损害,形成耳聋,同时还可能造成人体其他系统的损害。

8. 中暑

中暑是指由于高温环境引起的人体体温调节中枢功能障碍,汗腺功能失调和水、电解质平衡紊乱所导致的疾病。

9. 中毒

矿井空气中含有甲烷(CH_4)、一氧化碳(CO)、二氧化碳(CO_2)、二氧化氮(NO_2)、硫化氢(H_2S)、二氧化硫(SO_2)、氨气(NH_3)等有毒、有害气体,会导致职业中毒。

10. 滑囊炎

该病是由于长期、持续、反复、集中和力量稍大的摩擦和压迫而引起的疾病。煤矿井下工人滑囊炎的患病率约为1.6%,在一些煤层薄、工作面低、机械化程度不高的矿区,其患病率可高达14.39%。工龄越长、年龄越大,患病率越高。不同工种的患病率是有差异的,其中采煤工最高(65.78%),其次是掘进和开拓工(20.15%)。

第二节　煤矿劳动防护用品配备

劳动防护用品是指由用人单位为劳动者配备的,使其在劳动过程中免遭或者减轻事故伤害及职业病危害的个体防护装备。劳动防护用品是由用人单位提供的，保障劳动者安全与健康的辅助性、预防性措施。用人单位不得以劳动防护用品替代工程防护设施和其他技术、管理措施。

根据《用人单位劳动防护用品管理规范》以及《煤矿职业安全卫生个体防护用品配备标准》(AQ 1051)的要求，用人单位应按照识别、评价、选择的程序，结合劳动者作业方式和工作条件，并考虑其个人特点及劳动强度，选择防护功能和效果适用的劳动防护用品，并指导劳动者正确佩戴和使用。

(1) 接触粉尘、有毒、有害物质的劳动者应当根据不同粉尘种类、粉尘浓度及游离二氧化硅含量和毒物的种类及浓度配备相应的呼吸器、防护服、防护手套和防护鞋等。

(2) 接触噪声的劳动者当暴露于 80 dB(A)≤作业场所噪声 8 h 等效声级＜85 dB(A)的工作场所时，用人单位应当根据劳动者需求为其配备适用的护听器；当暴露于作业场所噪声 8 h 等效声级≥85 dB(A)的工作场所时，用人单位必须为劳动者配备适用的护听器。

(3) 工作场所中存在电离辐射危害的，经危害评价确认劳动者需佩戴劳动防护用品的，用人单位可参照电离辐射的相关标准及《个体防护装备配备规范》(GB 39800)为劳动者配备劳动防护用品。

(4) 从事存在物体坠落、碎屑飞溅、转动机械和锋利器具等作业的劳动者，用人单位还可参照《个体防护装备配备规范》(GB 39800)、《头部防护 安全帽选用规范》(GB/T 30041)和《坠落防护装备安全使用规范》(GB/T 23468)等标准，为劳动者配备适用的劳动防护用品。

(5) 同一工作地点存在不同种类的危险、有害因素的，应当为劳动者同时提供防御各类危害的劳动防护用品。需要同时配备的劳动防护用品，还应考虑其可兼容性。劳动者在不同地点工作，并接触不同的危险、有害因素，或接触不同的危害程度的有害因素的，为其选配的劳动防护用品应满足不同工作地点的防护需求。

(6) 劳动防护用品的选择还应当考虑其佩戴的合适性和基本舒适性，根据个人特点和需求选择适合型号、式样。

(7) 用人单位应当在可能发生急性职业损伤的有毒、有害工作场所配备应急劳动防护用品，放置于现场邻近位置并有醒目标识。用人单位应当为巡检等流动性作业的劳动者配备随身携带的个人应急防护用品。

第三节　职业病防护与管理

煤矿职业病的防治，坚持“预防为主、防治结合”的方针，遵循三级预防的原则。第一级预防是使劳动者尽可能不接触职业危害因素，即使在职业危害不可避免的情况下，采取措施降低生产环境中职业危害因素浓度或强度，使之达到国家职业卫生标准；第二级预防是通过早期发现职业损害，并及时处理，防止进一步发展；第三级预防是对已患职业病者，及时做出诊断和进行恰当的治疗，防止恶化和发生并发症，促进康复。

煤矿生产中主要的职业病危害有粉尘、有毒有害气体、噪声、振动、不良气候条件等，应采取积极防治措施，降低甚至消除煤矿职业病危害因素。煤矿职业病危害因素防治措施主要包括以下内容。

一、职业病防护

1. 粉尘的防治

煤矿粉尘主要是煤尘、岩尘和水泥尘。煤尘进入人肺使人患煤肺病，岩尘进入人肺使人患矽肺病，水泥尘进入人肺使人患水泥肺病，通称为尘肺病。

《煤矿安全规程》规定，作业场所空气中粉尘(总粉尘、呼吸性粉尘)浓度应当符合表 7-1 的要求。不符合要求的，应当采取有效措施。

矿尘防治措施：

井工煤矿必须建立防尘洒水系统。永久性防尘水池容量不得小于 200 m^3，且贮水量不得小于井下连续 2 h 的用水量，备用水池贮水量不得小于永久性防尘水池的 50%。防尘管路应当敷设到所有能产生粉尘和沉积粉尘的地点，没有防尘供水管路的采掘工作面不得生产。

表 7-1 作业场所空气中粉尘浓度要求

粉尘种类	游离 SiO_2 含量/%	时间加权平均容许浓度/(mg/m^3)	
		总尘	呼尘
煤尘	<10	4	2.5
矽尘	10～50	1	0.7
	50～80	0.7	0.3
	≥80	0.5	0.2
水泥尘	<10	4	1.5

注:时间加权平均容许浓度是以时间加权数规定的 8 h 工作日、40 h 工作周的平均容许接触浓度。

(1) 减尘措施。减少采、掘作业时的粉尘产生量,包括煤层注水、采空区灌水、湿式打眼、水炮泥爆破等。

(2) 降尘措施。包括各产尘点设喷雾洒水装置净化风流、转载点封闭、泡沫除尘等。

(3) 通风排尘。调整合适的风速,加强排尘。

矿井粉尘的危害	矿井粉尘防治措施

2. 有毒有害气体的防治

矿井空气中含有甲烷(CH_4)、一氧化碳(CO)、二氧化碳(CO_2)、二氧化氮(NO_2)、硫化氢(H_2S)、二氧化硫(SO_2)、氨气(NH_3)等有毒有害气体,会导致职业中毒。

防护措施有:

(1) 消除有毒、有害气体。煤矿井下的有毒气体主要来源于炮烟和煤氧化、火灾等。因为很多有毒气体是易溶于水的，通过加强通风和喷雾洒水排除和降低有毒气体含量，净化空气，是消除毒物危害的最根本、最有效的措施。

(2) 加强个人防护。炮烟未散去或作业现场空气质量太差时，不要急着进入工作面，待炮烟散尽、现场空气质量好转时再进入工作面，还应用好防护服、防护面具、防尘口罩、自救器等。

(3) 提高机体抗御能力。对于在有害物质场所作业人员，给予必要的保健待遇，加强营养和锻炼。

(4) 加强对有害物质的监测，掌握其浓度含量，做到心中有数，控制其危害程度。

(5) 对受到危害的人员及时进行健康检查。必要时实行转岗、换岗作业。

(6) 加强对有害物质认知及预防措施的宣传教育。建立健全安全生产责任制、卫生责任制和岗位安全责任制。

3. 生产性噪声的防护

噪声危害损害听觉，引起各种病症，引起事故。

预防噪声危害的措施有：

(1) 控制噪声传播。隔声：用吸声材料、吸声结构和隔声装置将噪声源封闭，防止噪声传播。消声：用吸声材料铺装室内墙壁或悬挂于室内空间，可以吸收辐射和反射声能，降低传播中噪声的强度水平。

(2) 采用合理的防护措施。利用耳塞防护。合适的耳塞隔声效果可达 30～40 dB(A)，对高频噪声的阻隔效果较好。

(3) 合理安排劳动制度。工作时间穿插休息时间，休息时间离开噪声环境。限制噪声工作时间，可减轻噪声对人体的危害。

(4) 卫生保健措施。对受到噪声危害的人员定期体检，听力下降者及时治疗，重者调离噪声作业。就业前体检或定期体检中发现的听觉器官疾病、心血管病、神经系统器质性疾病者，不得从事噪声环境工作。

4. 生产性振动的危害和防护

在生产过程中，按振动作用于人体的方式可分为局部振动和全身振动。局部振动是最常见的和危害较大的振动。

振动危害的预防措施有：

(1) 对局部振动的减振措施。改革工艺和设备，改革工作制度。合理使用减振用品，建立合理的劳动制度，限制作业人员接触振动的时间。煤矿井下的振动危害主要来自风动凿岩机、综采综掘及其他机械对操作人员的危害。

(2) 对全身振动的减振措施。在有可能产生较大振动设备的周围设置隔离地沟，衬以橡胶、软木等减振材料，以确保振动不能外传。对振动源采取减振措施，如用弹簧等减振阻尼器，减少振动的传递距离。井下采煤机、掘进机、柴油车等座椅下加泡沫垫等，减弱运行中由于各种原因传来的振动。另外，利用尼龙件代替金属件，可减少机器的振动。及时检修设备，可以防止因零件松动引起的振动。

5. 高温作业的防护

高温作业对循环系统、消化系统、泌尿系统、神经系统等都有危害。

高温作业的防护措施有：

(1) 通风降温。加大风速排除热量。风速与温度有一定的关系，合适的风速可使温度降到一定的程度。

(2) 喷雾洒水降温。在工作面喷雾洒水既可以降温又可以降尘。

(3) 保健防护。供给含盐饮料，以补充人体所需水分和盐分。

(4) 发放保健食品。高温环境下作业，人体能量消耗快，应增加蛋白质、热量、维生素等的摄入，以减轻疲劳，提高工作效率。

(5) 个人防护。给工作人员提供结实、耐热、宽大、便于操作的工作服、工作帽、防护眼镜、隔热面具、隔热靴等。

(6) 医疗防护。对在高温条件下作业人员进行就业前体检，凡有心血管系统疾病、高血压、溃疡病、肺气肿、肝病、肾病等疾病不宜从事高温作业的人员不安排高温作业或调离高温作业岗位。

二、职业病管理

1. 人员配备

(1) 职业病危害严重的用人单位，应当设置或者指定职业卫生管理机构或者组织，配备专职职业卫生管理人员。

(2) 其他存在职业病危害的用人单位,劳动者超过 100 人的,应当设置或者指定职业卫生管理机构或者组织,配备专职职业卫生管理人员;劳动者在 100 人以下的,应当配备专职或者兼职的职业卫生管理人员,负责本单位的职业病防治工作。

2. 培训管理

(1) 用人单位的主要负责人和职业卫生管理人员应当具备与本单位所从事的生产经营活动相适应的职业卫生知识和管理能力,并接受职业卫生培训。

(2) 用人单位主要负责人、职业卫生管理人员的职业卫生培训,应当包括下列主要内容:

① 职业卫生相关法律、法规、规章和国家职业卫生标准。

② 职业病危害预防和控制的基本知识。

③ 职业卫生管理相关知识。

④ 国家卫生健康委员会规定的其他内容。

(3) 用人单位应当对劳动者进行上岗前的职业卫生培训和在岗期间的定期职业卫生培训,普及职业卫生知识,督促劳动者遵守职业病防治的法律、法规、规章、国家职业卫生标准和操作规程。

(4) 用人单位应当对职业病危害严重的岗位的劳动者,进行专门的职业卫生培训,经培训合格后方可上岗作业。

(5) 因变更工艺、技术、设备、材料,或者岗位调整导致劳动者接触的职业病危害因素发生变化的,用人单位应当重新对劳动者进行上岗前的职业卫生培训。

3. 产生职业病危害的用人单位的工作场所应当符合的基本要求

(1) 生产布局合理,有害作业与无害作业分开。

(2) 工作场所与生活场所分开,工作场所不得住人。

(3) 有与职业病防治工作相适应的有效防护设施。

(4) 职业病危害因素的强度或者浓度符合国家职业卫生标准。

(5) 有配套的更衣间、洗浴间、孕妇休息间等卫生设施。

(6) 设备、工具、用具等设施符合保护劳动者生理、心理健康的要求。

(7) 法律、法规、规章和国家职业卫生标准的其他规定。

4. 警示标识设置

(1) 存在职业病危害的用人单位,应当在醒目位置设置公告栏,公布有关职业病防治的规章制度、操作规程、职业病危害事故应急救援措施和工作场所职业病危害因素检测结果。

(2) 存在或者产生职业病危害的工作场所、作业岗位、设备、设施,应当按照《工作场所职业病危害警示标识》(GBZ 158)的规定,在醒目位置设置图形、警示线、警示语句等警示标识和中文警示说明。警示说明应当载明产生职业病危害的种类、后果、预防和应急处置措施等内容。

(3) 存在或产生高毒物品的作业岗位,应当按照《高毒物品作业岗位职业病危害告知规范》(GBZ/T 203)的规定,在醒目位置设置高毒物品告知卡。告知卡应当载明高毒物品的名称、理化特性、健康危害、防护措施及应急处理等告知内容与警示标识。

5. 职业病危害因素检测

(1) 存在职业病危害的用人单位,应当实施由专人负责的工作场所职业病危害因素日常监测,确保监测系统处于正常工作状态。

(2) 存在职业病危害的用人单位,应当委托具有相应资质的职业卫生技术服务机构,每年至少进行一次职业病危害因素检测。

(3) 职业病危害严重的用人单位,应当委托具有相应资质的职业卫生技术服务机构,每三年至少进行一次职业病危害现状评价。

(4) 检测、评价结果应当存入本单位职业卫生档案,并向劳动者公布。

(5) 存在职业病危害的用人单位,有下述情形之一的,应当及时委托具有相应资质的职业卫生技术服务机构进行职业病危害现状评价:

① 初次申请职业卫生安全许可证,或者职业卫生安全许可证有效期届满申请换证的。

② 发生职业病危害事故的。

③ 原国家安全生产监督管理总局规定的其他情形。

用人单位应当落实职业病危害现状评价报告中提出的建议和措

施，并将职业病危害现状评价结果及整改情况存入本单位职业卫生档案。

(6) 用人单位在日常的职业病危害监测或者定期检测、现状评价过程中，发现工作场所职业病危害因素不符合国家职业卫生标准和卫生要求时，应当立即采取相应治理措施，确保其符合职业卫生环境和条件的要求；仍然达不到国家职业卫生标准和卫生要求的，必须停止存在职业病危害因素的作业；职业病危害因素经治理后，符合国家职业卫生标准和卫生要求的，方可重新作业。

(7) 向用人单位提供可能产生职业病危害的设备的，应当提供中文说明书，并在设备的醒目位置设置警示标识和中文警示说明。警示说明应当载明设备性能、可能产生的职业病危害、安全操作和维护注意事项、职业病防护措施等内容。

6. 职业病危害因素告知

(1) 用人单位与劳动者订立劳动合同(含聘用合同，下同)时，应当将工作过程中可能产生的职业病危害及其后果、职业病防护措施和待遇等如实告知劳动者，并在劳动合同中写明，不得隐瞒或者欺骗。

(2) 劳动者在履行劳动合同期间，因工作岗位或者工作内容变更，从事与所订立劳动合同中未告知的存在职业病危害的作业时，用人单位应当依照前款规定，向劳动者履行如实告知的义务，并协商变更原劳动合同相关条款。

(3) 用人单位违反规定的，劳动者有权拒绝从事存在职业病危害的作业，用人单位不得因此解除与劳动者所订立的劳动合同。

7. 职业健康体检和档案管理

(1) 对从事接触职业病危害因素作业的劳动者，用人单位应当按照《用人单位职业健康监护监督管理办法》、《放射工作人员职业健康管理办法》、《职业健康监护技术规范》(GBZ 188)、《放射工作人员健康要求及监护规范》(GBZ 98)等有关规定，组织上岗前、在岗期间、离岗时的职业健康检查，并将检查结果书面如实告知劳动者。

(2) 职业健康检查费用由用人单位承担。

(3) 用人单位应当按照《用人单位职业健康监护监督管理办法》的

规定，为劳动者建立职业健康监护档案，并按照规定的期限妥善保存。

(4) 职业健康监护档案应当包括劳动者的职业史、职业病危害接触史、职业健康检查结果、处理结果和职业病诊疗等有关个人健康资料。

劳动者健康出现损害需要进行职业病诊断、鉴定的，用人单位应当如实提供职业病诊断、鉴定所需的劳动者职业史和职业病危害接触史、工作场所职业病危害因素检测结果和放射工作人员个人剂量监测结果等资料。

8. 用人单位职业卫生档案管理内容

(1) 职业病防治责任制文件。

(2) 职业卫生管理规章制度、操作规程。

(3) 工作场所职业病危害因素种类清单、岗位分布以及作业人员接触情况等资料。

(4) 职业病防护设施、应急救援设施基本信息，以及其配置、使用、维护、检修与更换等记录。

(5) 工作场所职业病危害因素检测、评价报告与记录。

(6) 职业病防护用品配备、发放、维护与更换等记录。

(7) 主要负责人、职业卫生管理人员和职业病危害严重工作岗位的劳动者等相关人员职业卫生培训资料。

(8) 职业病危害事故报告与应急处置记录。

(9) 劳动者职业健康检查结果汇总资料，存在职业禁忌证、职业健康损害或者职业病的劳动者处理和安置情况记录。

(10) 建设项目职业卫生“三同时”有关技术资料，以及其备案、审核、审查或者验收等有关回执或者批复文件。

(11) 职业卫生安全许可证申领、职业病危害项目申报等有关回执或者批复文件。

(12) 其他有关职业卫生管理的资料或者文件。

9. 职业病危害事故及职业病病人管理

(1) 用人单位发生职业病危害事故后，应当及时向所在地安全生产监督管理部门和有关部门报告，并采取有效措施，减少或者消除职业病危害因素，防止事故扩大。对遭受或者可能遭受急性职业病危害的劳动者，用人单位应当及时组织救治、进行健康检查和医学观察，并承担所需费用。

（2）用人单位不得故意破坏事故现场、毁灭有关证据，不得迟报、漏报、谎报或者瞒报职业病危害事故。

（3）用人单位发现职业病病人或者疑似职业病病人时，应当按照国家规定及时向所在地安全生产监督管理部门和有关部门报告。

（4）工作场所使用有毒物品的用人单位，应当按照有关规定向安全生产监督管理部门申请办理职业卫生安全许可证。

（5）用人单位在安全生产监督管理部门行政执法人员依法履行监督检查职责时，应当予以配合，不得拒绝、阻挠。

第四节　职业病诊断与职业病病人保障

一、职业健康监护

职业健康监护是指以预防为目的，根据劳动者的职业接触史，通过定期或不定期的医学健康检查和健康相关资料的收集，连续性地监测劳动者的健康状况，分析劳动者健康变化与所接触的职业病危害因素的关系，并及时将健康检查和资料分析结果报告给用人单位和劳动者本人，以便及时采取干预措施，保护劳动者健康。

职业健康监护主要包括岗前职业健康检查、在岗期间职业健康检查、离岗后职业健康检查、应急健康检查和职业健康监护档案管理等内容。

1. 职业健康检查

职业健康检查分为上岗前职业健康检查、在岗期间职业健康检查和离岗时职业健康检查。

2. 职业健康检查项目及体检周期

根据《职业健康监护技术规范》（GBZ 188）的基本要求，按照《煤矿作业场所职业病危害防治规定》，与煤炭行业有关的职业健康检查内容如下：

(1) 游离二氧化硅粉尘,检查周期1年。

(2) 煤尘,检查周期2年。

(3) 水泥尘、电焊烟尘,检查周期2年。

(4) 噪声,检查周期:作业场所噪声8 h等效声级≥85 dB(A),1年1次;作业场所噪声8 h等效声级≥80 dB(A),<85 dB(A),2年1次。

(5) 高温,检查周期1年,应在每年高温季节到来之前进行。

(6) 手传振动,检查周期2年。

(7) 氮氧化物,检查周期1年。

(8) 一氧化碳,检查周期3年。

(9) 硫化氢,检查周期3年。

《煤矿作业场所职业病危害防治规定》包括:煤矿不得安排未经上岗前职业健康检查的人员从事接触职业病危害的作业;不得安排有职业禁忌的人员从事其所禁忌的作业;不得安排未成年工从事接触职业病危害的作业;不得安排孕期、哺乳期的女职工从事对本人和胎儿、婴儿有危害的作业。劳动者接受职业健康检查应当视同正常出勤,煤矿企业不得以常规健康检查代替职业健康检查。

二、职业病诊断与鉴定

劳动者健康出现损害需要进行职业病诊断、鉴定的,煤矿企业应当如实提供职业病诊断、鉴定所需的劳动者职业史和职业病危害接触史、作业场所职业病危害因素检测结果等资料。

1. 职业病诊断

职业病诊断必须在职业病诊断机构进行,应选择用人单位所在地、劳动者本人户籍所在地或者经常居住地的职业病诊断机构进行职业病诊断。职业病诊断机构组织三名以上单数职业病诊断医师进行集体诊断。职业病诊断医师独立分析、判断并提出诊断意见,任何单位和个人无权干预。职业病诊断机构作出职业病诊断结论后,应出具职业病诊断证明书。证明书必须包括诊断结论和诊断时间。

2. 职业病鉴定

当事人如果对职业病诊断结果或职业病鉴定结论有异议,可以在接到职业病诊断证明书之日起三十日内,向职业病诊断机构所在地设区的市级卫生行政部门申请鉴定。当事人对设区的市级职业病鉴定结论不服的，可以在接到鉴定书之日起十五日内，向原鉴定组织所在地省级卫生行政部门申请再次鉴定。职业病鉴定实行两级鉴定制，省级职业病鉴定结论为最终鉴定。

3. 职业健康监护档案

煤矿应当为劳动者建立个人职业健康监护档案，并按照有关规定的期限妥善保存。职业健康监护档案应当包括劳动者个人基本情况、劳动者职业史和职业病危害接触史，历次职业健康检查结果及处理情况，职业病诊疗等资料。劳动者离开煤矿时，有权索取本人职业健康监护档案复印件，煤矿必须如实、无偿提供，并在所提供的复印件上签章。

第五节　职业病防治的权利与义务

一、从业人员职业卫生保护权利

（1）获得职业卫生教育、培训。

（2）获得职业健康检查，职业病诊疗、康复等职业病防治服务。

（3）了解工作场所产生或者可能产生的职业病危害因素、危害后果和应当采取的职业病防护措施。

（4）要求用人单位提供符合防治职业病要求的职业病防护设施和个人使用的职业病防护用品，改善工作条件。

（5）对违反职业病防治法律、法规以及危及生命健康的行为提出批评、检举和控告。

（6）拒绝违章指挥和强令进行没有职业病防护措施的作业。

（7）参与用人单位职业卫生工作的民主管理，对职业病防治工作提出意见和建议。

用人单位应当保障劳动者行使上述权利。因劳动者依法行使正当权利而降低其工资、福利等待遇或者解除、终止与其订立的劳动合同的，其行为无效。

二、从业人员职业卫生保护义务

劳动者应当学习和掌握相关的职业卫生知识，增强职业病防范意识,遵守职业病防治法律、法规、规章和操作规程,正确使用、维护职业病防护设备和个人使用的职业病防护用品,发现职业病危害事故隐患应当及时报告。劳动者不履行前款规定义务的,用人单位应当对其进行教育。

三、用人单位职业卫生保护义务

(1) 配备防护设施,治理职业危害。

(2) 对作业场所职业病危害因素进行评价与管理。

(3) 对劳动者进行健康监护(上岗前、在岗中、离岗时)。

(4) 按规定用不同的形式将职业病危害因素告知劳动者(合同告知、工作场所警示告知、培训教育)。

(5) 建立危害监测和劳动者健康档案。

(6) 职业病报告义务。

(7) 对患职业病的劳动者救治、安置。

(8) 为劳动者依法参加工伤劳动保险。

(9) 落实职业危害治理和职业病防治经费。

(10) 对未成年工、女工保护。

第八章　煤矿危险源辨识、安全风险分级管控与隐患排查治理

双重预防机制是指以安全风险分级管控和隐患排查治理两种手段相结合的生产安全事故预防工作机制，是党中央、国务院为全面加强安全生产工作，针对近年来发生的重特大事故暴露出当前安全生产领域“认不清、想不到”的问题突出，同时也是《安全生产法》规定生产经营单位必须重点执行的安全生产事项，以遏制重特大事故为目的，而提出的重大决策部署，强调安全生产的关口前移，源头治理，构建“把安全风险管控挺在隐患前面，把隐患排查治理挺在事故前面”的双重防火墙，对预防生产安全事故意义重大。

第一节　煤矿危险源辨识

一、危险源的概念

危险源是指可能导致人身伤害(或)健康损害的根源。比如煤尘、瓦斯、矿井水、运转的机械、噪声、顶板等，这些危害因素都可能导致人身伤害(或)健康损害及设备的损坏，通常我们把这些危害因素称为危险源。

二、危险源辨识

煤矿危险源辨识是一个重要的过程，旨在识别煤矿生产过程中可能存在的危险源，并确定其特性，以便采取相应的预防措施，确保生产的安全和稳定。这个过程主要包括对危险源的识别、对其性质的判断，以及对可能造成的危害和影响进行提前预防。煤矿危险源辨识不仅限于生产场所和贮存区，还包括其他重大危险源，如机械设备、电气系统等。

在煤矿生产中，常见的危险源主要有以下几类：

（1）机械伤害：由于机械设备的安全附件及安全防护措施缺少或有缺陷，或操作人员误操作导致的机械伤害事故。

（2）车辆伤害：在煤矿运输过程中，可能由于人为因素、设备维护不当或设备本身原因造成的撞车、脱轨、挤压伤人等事故。

（3）火灾：煤矿机械设备运转不良或故障摩擦发热引燃可燃物，或电气部件故障发生火花或电弧引燃可燃物，或操作人员操作失误引发的火灾危险。

（4）水害：由于煤矿排水设备存在配置不够或配置不合理，排水供电线路、排水管路达不到设计要求，煤矿排水能力不足等造成的矿井水害。

（5）瓦斯、煤尘灾害：瓦斯、煤尘会引发爆炸，导致人员伤亡事故。

（6）有毒有害气体：有毒有害气体会导致人员中毒、窒息等事故。

（7）危险环境：支护不当的顶板、容易片帮的煤壁、照明不良的工作环境等也常常会导致各类伤害事故。

（8）噪声危害：煤矿生产过程中的机械设备在运行过程中产生的噪声，若这些设备选型不合理，又未采取防止噪声污染的措施，则会对接触噪声的作业人员产生噪声危害。

为了预防这些危险源带来的危害，需要采取一系列的预防措施，例如：

（1）严格执行监护制度，避免人员误操作造成人身伤害。

（2）操作高压电气设备时必须戴绝缘手套、穿绝缘靴或站在绝缘台上，以免发生人身触电事故。

（3）严禁在通风机房内私拉乱接电线和使用电炉，以防止电气火灾。

（4）严禁身体的任何部位接触正在运行的设备，以防止人身伤害事故。

（5）对于机械设备和电气系统，应按规定进行检查和维护，确保其处于良好的工作状态。

（6）严格监测有毒有害气体的浓度，防止人员中毒。

(7) 采取综合防尘措施，使粉尘浓度符合规定，防止尘肺病发生。

(8) 作业前严格执行“敲帮问顶”制度，观察工作面环境和照明情况，保障环境安全。

(9) 对于可能产生噪声的设备，应采取合理的降噪声措施，对设备进行合理选型，采取防噪声污染的措施。

通过这些措施，可以有效降低煤矿生产过程中的危险源带来的安全风险，保障工作人员的生命安全和身体健康。

第二节　煤矿安全风险分级管控

一、安全风险的概念

安全风险是危险源发生危害的可能性和严重性的组合，也就是危险源发生危害的概率是大还是小，导致的后果是否严重，如果发生概率大、导致的后果严重，那么我们就说风险大；如果发生的概率很小、导致的后果不严重，那么，我们就说风险小。在煤矿作业中，存在着各种各样的安全风险。例如，采煤机是危险源，运转的采煤机有伤人的风险；顶板是危险源，顶板具有垮落、掉矸石伤人的风险；煤尘是危险源，煤尘可能导致爆炸、尘肺病、损坏设备的风险。

安全风险具有不确定性，它可能发生也可能不发生，例如电缆可能漏电，也可能不漏电，如果不漏电也就不会导致人身触电等伤害事故。

在一定的条件下，对现场岗位中的安全风险进行预先辨识、风险评估，继而采取有效的防范措施，消除、减少、控制风险，使风险降到人们可接受程度的一系列活动，称为安全风险预控管理。

安全风险预控管理的基本原理是运用风险管理的技术，通过探求风险发生、变化的规律，认识、估计和分析风险对安全生产所造成的危害，运用计划、组织、指导、管制等一系列手段，实现“一切意外均可避免”“一切风险皆可控制”的安全风险管理目标。

二、安全风险控制方法

煤矿安全风险预控管理体系的基本内涵，是指在煤矿生产整个过程中，对煤矿各个生产系统、生产环节中的各种危险源进行预先辨识，对各种安全风险进行评价分析，继而采取有效管控措施，消除、减少和控制风险，并在一定经济、技术条件下，通过“人、机、环、管”（即人员、机电设备、环境、管理）的最佳匹配，防止安全风险转化为事故，实现本质安全，做到安全生产。

煤矿作业现场安全风险预控，可以从以下几个方面进行控制：

（1）提高从业人员的安全意识和安全素质。员工按规定参加安全生产培训，贯彻落实“以人为本”的指导思想，通过安全生产培训，提高煤矿从业人员的安全意识和技术水平，变“要我安全”为“我要安全”。

（2）落实各项规章制度。主要以各项制度规范煤矿从业人员的行为，如操作人员的“手指口述”“岗位描述”等，现场班组长验收签字、安全检查工检查等。

（3）落实操作程序。在现有安全技术操作规程的基础上，对每一个岗位工种作业中的每一道工序，都要制定出详细的操作程序，不论任何人，在同一岗位上完成某一个工序时，都要按照规定的操作程序执行，这就避免了违章操作和误操作的发生，在很大程度上减小了安全事故发生的可能性。

（4）执行操作标准。以《煤矿安全规程》、安全技术操作规程、作业规程为依据，对每一项工作都要制定出操作标准、作业流程，提高作业人员操作水平，降低事故发生的概率。

第三节　煤矿隐患排查治理

一、隐患的概念

隐患是指人的不安全行为、物的不安全状态、管理上的缺陷和环境的不安全因素，隐患就是不安全、缺陷状态，具有确定性，如果不对隐患进行整改，就容易引发事故。例如，运转的采煤机有伤人的风险，而人员违章进入运转采煤机作业范围内作业就是隐患；顶板具有垮落伤人的风险，而支护不良就是隐患；有的煤尘具有爆炸的风险，而喷雾降尘、除尘措施不完善就是隐患。隐患可以理解成不到位的安全风险防控措施，它会让安全风险失控，让安全风险向不好的趋势发展，安全风险失控最终会导致事故的发生。

从煤矿生产实际来看，危险源是无处不在的，只有通过排查和治理隐患，让人与各种危险源隔离开，才能大大降低事故发生的概率及事故发生导致的严重后果。

按照可能造成的严重后果和治理难度将隐患分为一般事故隐患、重大事故隐患两类。① 一般事故隐患是指危害和整改难度较小，发现后能够立即整改排除的隐患。② 重大事故隐患是指危害和整改难度较大，应当全部或者局部停产停业，并经过一定时间整改治理方能排除的隐患，或者因外部因素影响致使生产经营单位自身难以排除的隐患。

二、隐患排查治理措施

作业现场的隐患排查治理是围绕消除人的不安全行为、物的不安全状态和环境的不安全因素展开的，针对作业中常见的事故隐患要采取以下防治措施：

(1) 规范操作人员的安全行为，结合班组的具体情况，以及国家的法律法规、相关规定和标准，制订规章制度和操作规程。

(2) 正确穿戴和使用劳动防护用具、用品。

(3) 严格执行《煤矿安全规程》、安全技术操作规程、作业规程的相关规定。

(4) 加强对作业场所的安全检查，及早发现隐患，及时整改隐患。

(5) 加强生产设备管理，尤其是设备的防爆管理，按规定做好设备和安全设施、防护装置的维护保养，使之始终保持完好工作状态。

(6) 保证各种保护和监测系统灵敏、可靠，确保井下设备、电缆完好。

(7) 设备布置、物料码放要符合相关规定，保持行人、行车通道畅通。

(8) 及时清扫垃圾、废料，整理现场的支护材料、工器具，确保文明生产。

从业人员在作业前，必须首先进行事故隐患排查，对本岗位危险因素进行一次安全确认，在作业过程中随时排查事故隐患，发现危及人身安全的事故隐患时必须立即停止作业，排查出的事故隐患必须做好登记。

排查出的事故隐患由当班班组长立即组织人员进行整改，并负责督办和验收，同时做好登记。对能够立即治理的事故隐患，岗位工必须立即进行整改，并由下一班岗位工或当班班组长以上人员进行验收。对当班无法整改、没有整改结束的事故隐患及重大事故隐患，由当班班组长汇报区队值班队干，由区队负责人组织人员进行治理或上报，并在交接班期间相互交接清楚。

第九章　自救、互救与创伤急救

大量煤矿事故证明，当矿井发生灾害事故后，事故现场人员在万分危急的情况下，依靠自己的智慧和力量，积极正确地开展自救和互救工作，是最大限度地减少事故损失的重要环节。因此，每个入井人员都必须掌握自救、互救的基本方法。

第一节　自救器的使用

一、概述

自救器是入井人员在井下发生火灾、瓦斯煤尘爆炸、煤与瓦斯突出时防止有害气体中毒或缺氧窒息的一种随身携带的呼吸保护器具。自救器是一种体积小、重量轻、便于携带的个人防护装备。

自救器介绍

煤矿必须使用隔离式自救器。隔离式自救器能防护所有的有害气体，它的作用包括提供氧气、防止窒息和防止有害气体中毒。

二、压缩氧自救器的使用

压缩氧自救器是指利用压缩氧气供氧的隔离式呼吸保护器。多用于灾区大气环境中缺氧或存在有毒有害气体的情况，是一种可重复使用的自救器，每次使用后只需要更换吸收二氧化碳的吸收剂和重新充装氧气即可重复使用。

1. 压缩氧自救器的结构

压缩氧自救器的结构如图 9-1 所示。

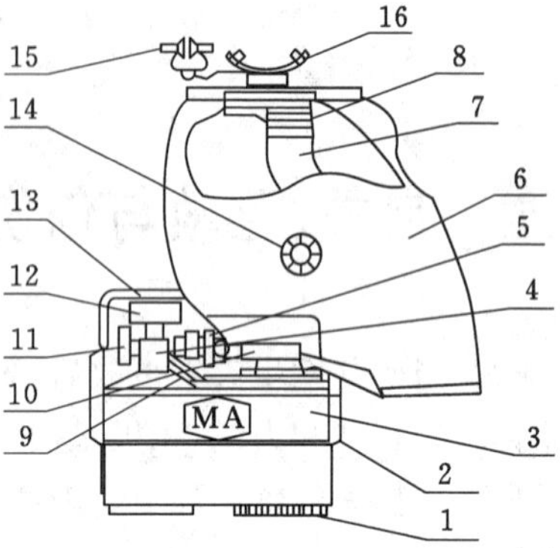

1—底盖;2—挂钩;3—清净罐;4—氧气瓶;5—减压阀;6—气囊;
7—呼气软管;8—呼气阀;9—支架;10—补气压板;11—手轮开关;12—压力表;
13—上盖;14—排气阀;15—鼻夹;16—口具。

图 9-1 压缩氧自救器的结构图

2. 防护特点

(1) 提供人员逃生时所需的氧气,防护各种毒气。

(2) 可反复多次使用。

(3) 用于有毒气体或缺氧的环境。

(4) 可用于压风自救系统的配套装备。

3. 使用方法

(1) 佩戴位置。将专用腰带穿入自救器腰带环内,固定在背部右侧腰间,如图 9-2(a)所示。

(2) 开启扳手。使用时先将自救器沿腰带转到右侧腹前,左手托底,右手拉护罩胶片,使护罩挂钩脱离壳体并丢掉,再用右手掰锁口带扳手至封印条断开,丢开锁口带,如图 9-2(b)所示。

(3) 去掉上外壳。左手抓住下外壳,右手将上外壳用力拔下、扔掉,如图 9-2(c)所示。

(4) 套上挎带。将挎带套在脖子上,如图 9-2(d)所示。

(5) 提起口具并立即戴好。用力提起口具,此时气囊逐渐鼓起,立即拔掉口具塞并同时将口具塞入口中,口具片置于唇齿之间,牙齿紧紧

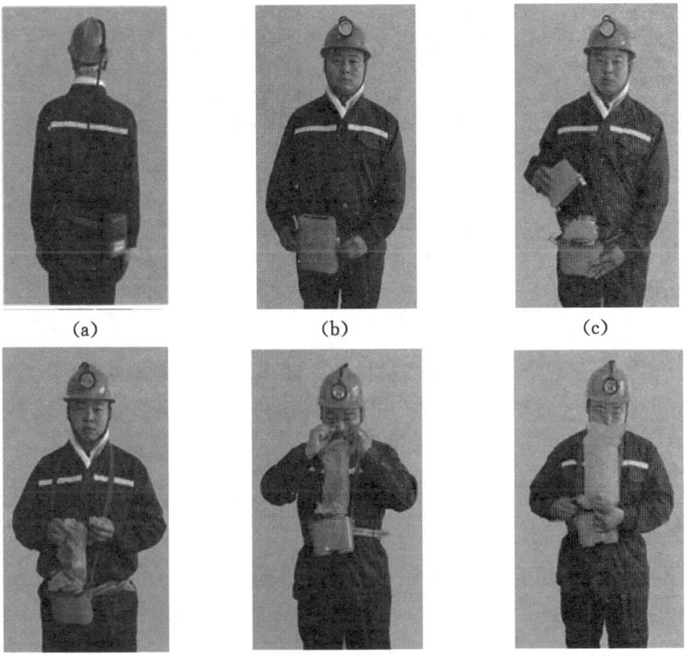

(a) (b) (c) (d) (e) (f)

图 9-2 压缩氧自救器的使用方法

咬住牙垫,紧闭嘴唇,如图 9-2(e)所示。若尼龙绳被拉断,气囊未鼓起,可以直接拉启动环。

(6) 夹好鼻夹。两手同时抓住两个鼻夹垫的圆柱形把柄,将鼻夹拉开,此时佩戴人要憋住一口气,用鼻夹垫准确夹住鼻子。

(7) 调整挎带。如果挎带过长,抬不起头,可以拉动挎带上的大圆环,使挎带缩短,长度适宜后,系在小圆环上,如图 9-2(f)所示。

(8) 退出灾区。上述操作完成后,开始撤离灾区。途中感到吸气不足时不要惊慌,应放慢脚步,做深呼吸,待气量充足后再快步行走。

压缩氧自救器的佩戴与使用注意事项(三维仿真)	压缩氧自救器的佩戴使用(真人实操)

4. 使用注意事项

(1) 使用符合《隔绝式氧气呼吸器和自救器用氢氧化钙技术条件》(MT/T 454)标准的二氧化碳吸收剂,每隔半年更换一次。

(2) 清净罐中的二氧化碳吸收剂,无论是否使用到额定防护时间,必须倒空后,重新换装新药。

(3) 用于充填自救器的氧气应符合《医用及航空呼吸用氧》(GB/T 8982)标准的规定。

(4) 每隔 3 年要对氧气瓶做水压试验。

(5) 每隔半年检查一次气密性和氧气压力。

(6) 使用中要经常观察压力表,以掌握耗氧情况。

(7) 高压氧气瓶储装有 20 MPa 的氧气,携带过程中要防止撞击、磕碰和摔落,不许把压缩氧自救器当坐垫使用。

(8) 呼气和吸气时要慢而深(即深呼吸)。口与自救器的距离不能过近,以免气囊内的呼气软管打折,增加呼气阻力。

(9) 使用中应防止利器刺伤、划伤气囊。

(10) 在未达到安全地点时严禁摘下自救器。

第二节 避难硐室的自救避灾

避难硐室是井下发生灾害事故后,人员无法撤离灾区时的避难场所。避难硐室分事先构筑好的永久避难硐室和由避灾人员用身边现有材料建造的临时避难硐室两种。

一、永久避难硐室

永久避难硐室预先设在井底车场附近或采区工作地点安全出口的路线上，距工作地点不能太远(即在自救器的有效工作时间内可到达)。避难硐室的容积原则上应能容纳采区的全体人员。硐室内应备有供避灾人员呼吸用的供气装备(如压风自救装置)、通信设备、自救器、药品、食物等。需要注意两个问题：一是硐室内的供气装置要有保障，即空气气源能长时间供气，遇险人员使用的呼吸装置要佩戴方便、迅速，呼吸自如舒畅。二是硐室内要存放一定数量的自救器，其防护时间要长一些(如 30 min 以上的化学氧和压缩氧自救器)，确保遇险人员在条件允许时，佩戴自救器从避难硐室撤到安全地点或井上。进入避难硐室的流程如图 9-3 所示。

二、临时避难硐室

临时避难硐室是矿井出现灾变事故时，遇险人员在等待救援的过程中利用现场的材料临时搭建的设施。临时避难硐室是利用独头巷道、硐室或两道风门之间的巷道，由避灾人员临时修建的，所以，应在这些地点事先准备好所需的木板、木桩、风筒、黏土、砂子或砖等材料，还应装有带阀门的压气管。避灾时，若无构筑材料，避灾人员就用衣服和身边现有的材料临时构筑避难硐室，以减少有害气体的侵入。密闭门应该打两道，人站在里面打。

三、在避难硐室避难时的注意事项

(1) 进入避难硐室前，应在硐室外留有矿灯、衣服、工具等明显标志，以便矿山救护队及时发现。

(2) 避难人员在避难硐室中应保持安静，不急躁，尽量俯卧于巷道底部，避免不必要的体力和氧气消耗，以便延长避难时间。

(3) 在避难中，要保持良好的精神状态和心理状态，坚持克服各种困难，坚定信心。

(4) 硐室内只留一盏矿灯照明，其余熄灭，以备人员撤离时使用。自救器、急救袋暂时可以不用的应停止使用，一方面以备延长待救时间，另一方面以备重伤员抢救之用。

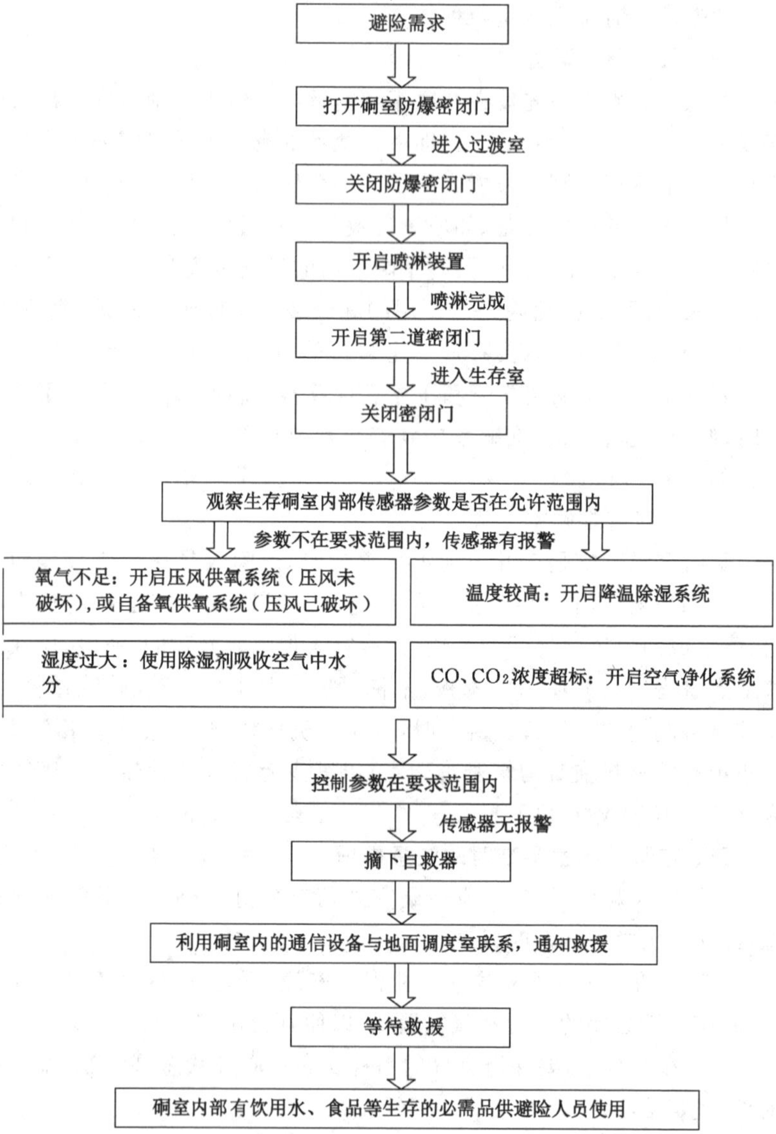

图 9-3　进入避难硐室的流程图

(5) 在避难硐室内可间断地敲打铁器、岩石等,发出呼救信号。

(6) 避难时要密切注意避难地点附近风流和瓦斯的情况,要不断争取待救时间(进入有压风管的避难硐室时应立即打开压风管)。若避难地点条件恶化,危及人员生命安全时,应立即转移到附近安全地点。

(7) 被水堵在上山的人员,不要向下跑,不要盲目探险。水被排走露出顶板时,也不要急于出来,以防 SO_2、H_2S 等气体中毒。

(8) 看到救护队员后不要过于激动,以防血管破裂。避难时间过长被救后,不能过多饮食和接受强烈光线,以防损伤消化器官和眼睛。

第三节　现场创伤急救

现场创伤急救的关键在于“及时”,时间上突出一个“急”字,技术上突出一个“救”字,争取在最短的时间内有效完成急救和安全转运任务。快抢、快救和快运是事故伤员救治工作的第一步,不但直接关系到伤员的生死,而且能为后续各级救治打下基础,必须及时、准确。要做好伤员分类工作,优先抢救危重伤员,积极防止休克、感染等并发症。

现场创伤互救必须遵守转运原则:初步止血、骨折简易固定、保证生命体征平稳、医护全程护送、边救边送、就近医院救治。

现场创伤急救必须遵守“三先三后”的原则:

(1) 对窒息(呼吸道完全堵塞)或心跳、呼吸骤停的伤员,必须先进行人工呼吸或心脏复苏后再搬运。

(2) 对出血的伤员,先止血后搬运。

(3) 对骨折的伤员,先固定后搬运。

现场急救的方法包括心肺复苏、止血、创伤包扎、骨折临时固定和伤员搬运。

一、心肺复苏

煤矿井下每名职工都要掌握急救相关知识。一旦发现有人晕倒应采取如下 4 个步骤措施:第一步判断意识;第二步呼救;第三步翻转体位；第四步胸外心脏按压，如图 9-4 所示。

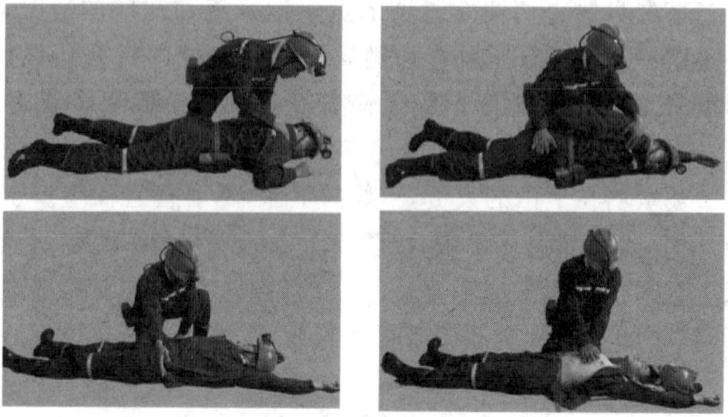

图 9-4　发现有人晕倒的处理程序

1. 胸外心脏按压

胸外心脏按压部位位于胸部正中，乳头连线水平（两乳头连线中点），右手中、食指沿一侧肋弓向内上方滑动至胸骨下端，左手掌根靠紧食指，放于胸骨上，按压频率 100～120 次/分钟，按压深度 5～6 cm，如图 9-5(a)所示。

心肺复苏
操作步骤

胸外心脏按压操作方法如下：

首先使伤员仰卧在木板上或地上，解开其上衣和腰带，脱掉其胶鞋。救护者位于伤员右侧，手掌面与前臂垂直，一手掌面压在另一手掌面上，使双手重叠置于伤员胸骨 1/3 处（其下方为心脏），以双肘和臂肩之力有节奏地、冲击式地向脊柱方向用力按压，使胸骨压下陷至少 5～6 cm；按压后，迅速抬手使胸骨复位，以利于心脏的舒张。按压次数以每分钟 100～120 次为宜。按压过快，心脏舒张不够充分，心室内血液不能完全充盈；按压过慢，动脉压力低，效果也不好，如图 9-5(b)所示。

进行胸外心脏按压时的注意事项如下：

(1) 按压的力量应因人而异。对身强力壮的伤员按压力量可大

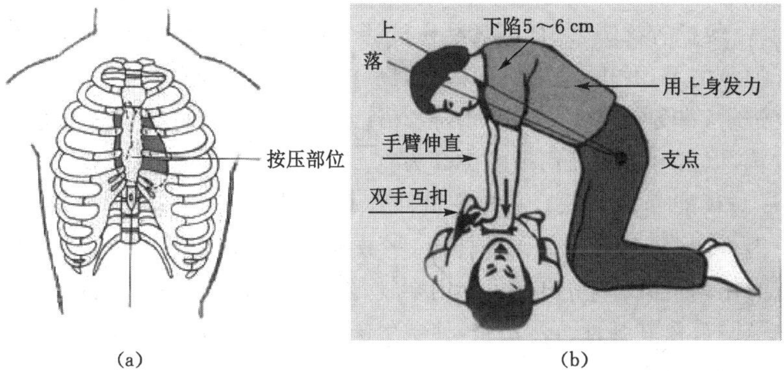

图 9-5　胸外心脏按压部位示意

些，对年老体弱的伤员力量宜小些。按压的力量要稳健有力、均匀规则，重力应放在手掌根部，着力仅在胸骨处，切勿在心尖部按压。同时注意用力不能过猛，否则可致肋骨骨折、心包积血或引起气胸等。

(2) 胸外心脏按压与口对口吹气法最好同时施行，无论单人心肺复苏还是双人心肺复苏，均为每按压心脏 30 次，做口对口人工呼吸 2 次。

(3) 按压显效时，可摸到颈总动脉、股动脉搏动，散大的瞳孔开始缩小，皮肤转为红润。

2. 人工呼吸

适用于休克、溺水、有害气体中毒、窒息或外伤窒息等引起的呼吸停止、假死状态者。

在施行人工呼吸前，先将伤员运送到安全、通风良好的地点，然后将伤员领口解开，注意保持体温，腰背部垫上软的衣服等。先清除口中脏物，把舌头拉出或压住，防止堵住喉咙、妨碍呼吸。各种有效的人工呼吸都必须在呼吸道畅通的前提下进行。常用的方法有口对口吹气法、仰卧压胸法和俯卧压背法 3 种。

(1) 口对口吹气法。它是效果最好、操作最简单的一种人工呼吸方法。操作前使伤员仰卧，救护者在其头的一侧，一只手托起伤员下颌，并尽量使其头部后仰，另一只手将其鼻孔捏住，以免吹气时从鼻孔漏气；救护者深吸一口气，紧贴伤员的口将气吹入，使伤员吸气，然后松开捏鼻的手，并用手压其胸部以帮助伤员呼气。如此有节律、均匀地反复进行，每分钟应吹气 14～16 次。注意吹气时切勿过猛、过短，也不宜过长，以占一次呼吸周期的 1/3 为宜。

(2) 仰卧压胸法。先让伤员仰卧，救护者跨跪在伤员大腿两侧，两手拇指向内，其余四指向外伸出，平放在其胸部两侧乳头之下，借半身重力压伤员胸部，挤出伤员肺内空气；然后救护者身体后仰，除去压力，伤员胸部依其弹性自然扩张，使空气吸入肺内。如此有节律地进行，要求每分钟压胸 16～20 次。

此法不适用于胸部外伤或 SO_2、NO_2 中毒者，也不能与胸外心脏按压法同时进行。

(3) 俯卧压背法。此法与仰卧压胸法操作大致相同，只是伤员俯卧，救护者跨跪在伤员大腿两侧。因为这种方法便于排出肺内水分，因而对溺水者急救较为适合。

二、止血

1. 少量出血的处理

表面伤口和擦伤，应该用干净的水冲洗，用创可贴或干净的纱布、手绢包扎伤口。

2. 严重出血的止血方法

(1) 直接压迫止血，如图 9-6 所示。

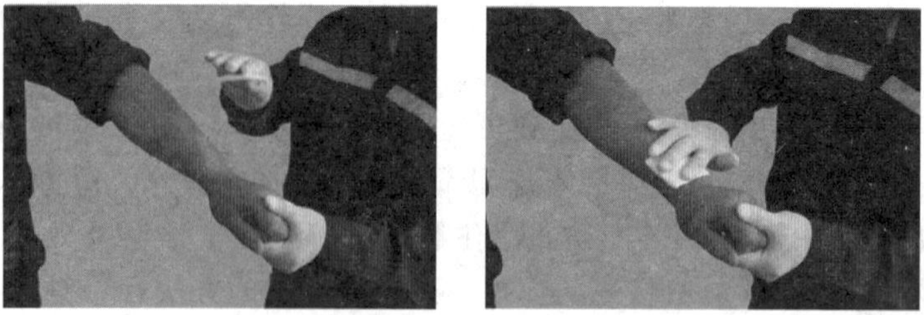

图 9-6　直接压迫止血示意图

（2）加压包扎止血，如图 9-7 所示。

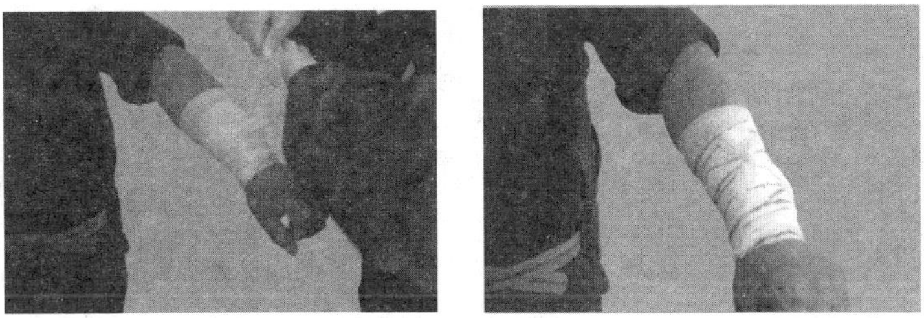

图 9-7　加压包扎止血示意图

（3）止血带止血。

① 表带式止血带止血，如图 9-8 所示。

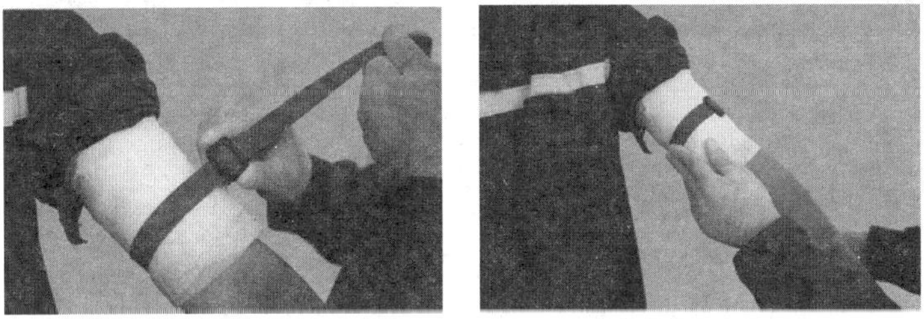

图 9-8　表带式止血带止血示意图

② 橡胶管止血带止血，如图 9-9 所示。

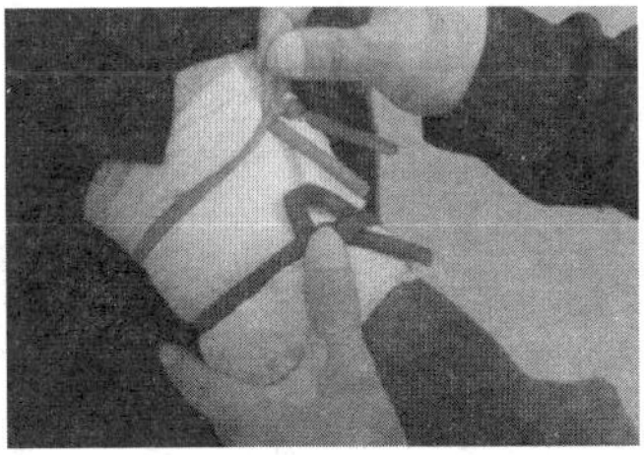

图 9-9　橡胶管止血带止血示意图

橡胶管止血带止血法操作步骤

③ 布带止血带止血，如图 9-10 所示。

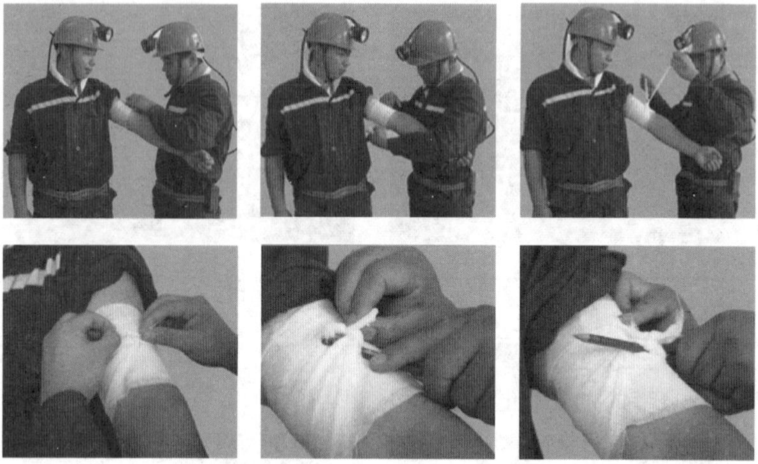

图 9-10　布带止血带止血示意图

上止血带的注意事项如下：

① 止血带不能直接缠在皮肤上。

② 上肢出血扎在上臂上 1/3 处、下肢出血扎在大腿中上部。

③ 松紧适度。

④ 做好明显标记。

⑤ 每隔 40～50 min 放松一次，每次放松 2～3 min。放松时，应采取指压止血。

⑥ 不能用铁丝、电线、绳索等代替止血带。

⑦ 结扎止血带的时间一般不应超过 2 h。

三、创伤包扎

1. 包扎的目的

止血、保护伤口、防止感染、固定夹板和敷料。

2. 包扎的要求

轻、快、准、牢，先盖后包。

绷带包扎
操作步骤

3. 包扎的材料

绷带、三角巾、四头带、多头带或就地取材。

4. 绷带包扎方法

(1) 环形包扎，如图 9-11 所示。

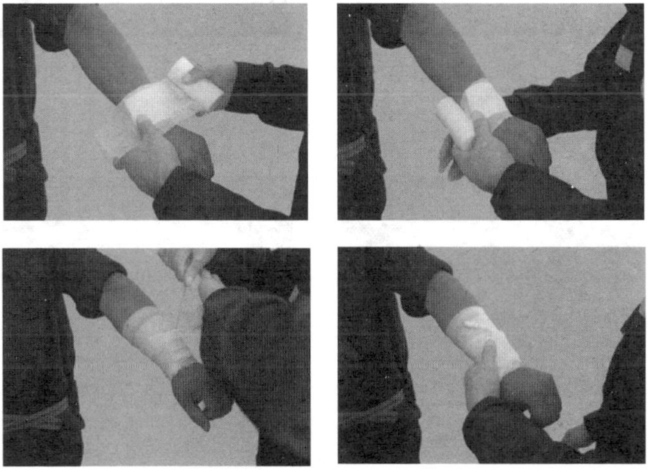

图 9-11　环形包扎示意图

(2) 螺旋包扎，如图 9-12 所示。

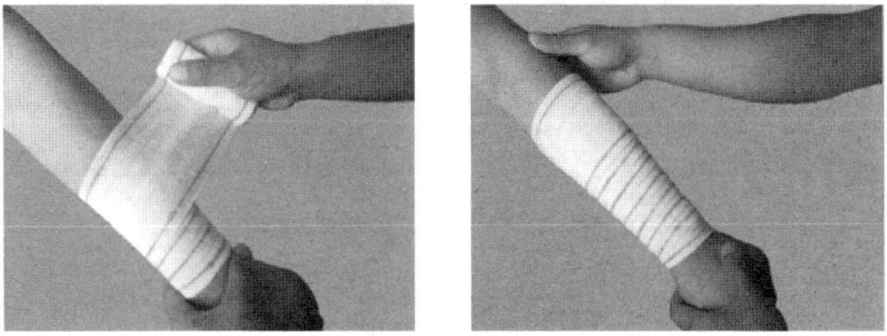

图 9-12　螺旋包扎示意图

(3) 螺旋反折包扎，如图 9-13 所示。

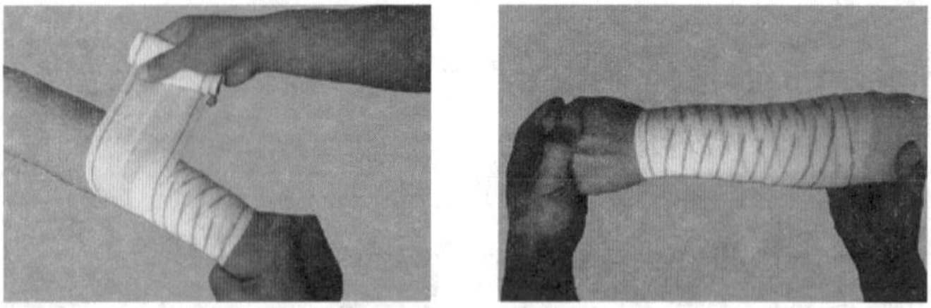

图 9-13　螺旋反折包扎示意图

(4)“8”字包扎,如图 9-14 所示。

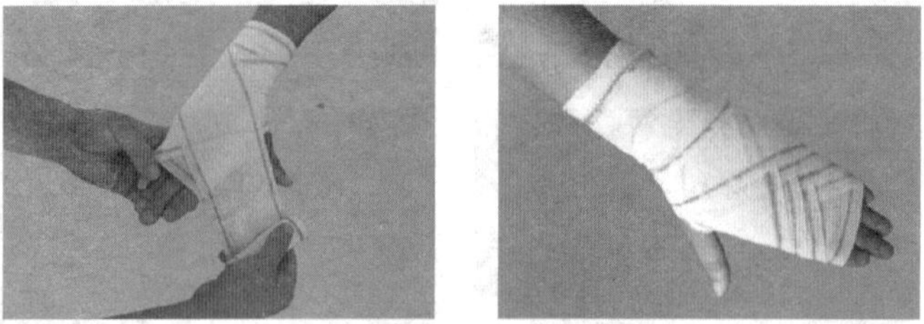

图 9-14　“8”字包扎示意图

(5)三角巾包扎,如图 9-15 所示。

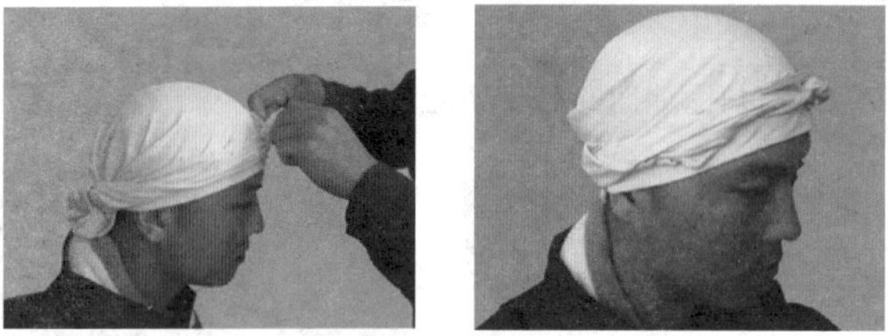

图 9-15　三角巾包扎示意图

三角巾包扎操作步骤

四、骨折临时固定

(1) 骨折原因:摔倒、设备挤压、顶帮埋压等。

(2) 骨折判定:肿胀、疼痛、畸形、功能障碍。

(3) 骨折固定目的:制动、避免再次损伤、利于搬运。

(4) 骨折固定材料:夹板、充气夹板、固定架、健侧肢体、就地取材。

(5) 骨折固定原则:

① 首先检查患者意识、呼吸、脉搏以及处理严重出血。

② 夹板的长度应能将骨折处的上下关节一同加以固定。

③ 骨断端暴露,不要拉动,不要送回伤口内。

④ 开放性骨折现场不要冲洗、不要涂药,应该先止血包扎,再固定。

⑤ 暴露肢体末端,以便观察血液循环情况。

(6) 固定方法:

① 锁骨骨折固定方法,如图 9-16 所示。

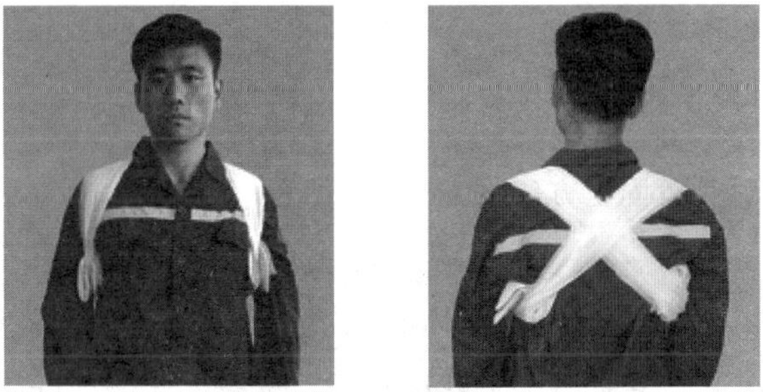

图 9-16　锁骨骨折固定方法

② 上肢(上臂)骨折、上臂下段(髁上)骨折固定方法,如图 9-17 所示。

图 9-17　上肢骨折固定方法

上肢骨折固定操作步骤	大腿骨折固定操作步骤	小腿骨折固定操作步骤

③ 前臂骨折固定方法,如图 9-18 所示。

图 9-18　前臂骨折固定方法

④ 下肢(大腿)骨折固定方法,如图 9-19 所示。

图 9-19　下肢(大腿)骨折固定方法

⑤ 下肢(小腿)骨折固定方法,如图 9-20 所示。

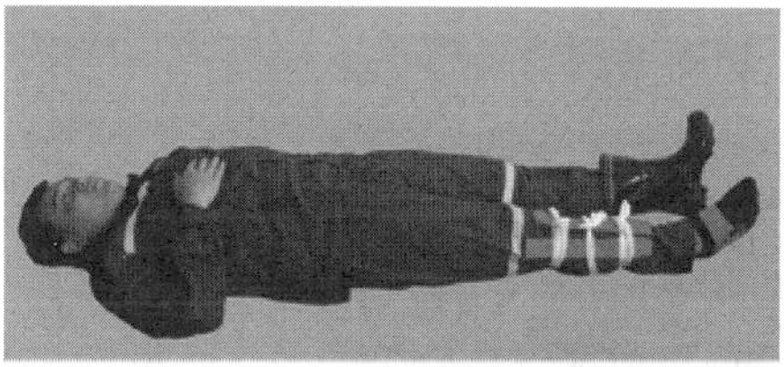

图 9-20　下肢(小腿)骨折固定方法

五、伤员的搬运护送

搬运时应尽量不增加伤员的痛苦,避免造成新的损伤及并发症。

1. 单人徒手搬运法

(1) 扶行法,如图 9-21 所示。

(2) 背负法,如图 9-22 所示。

图 9-21　扶行法

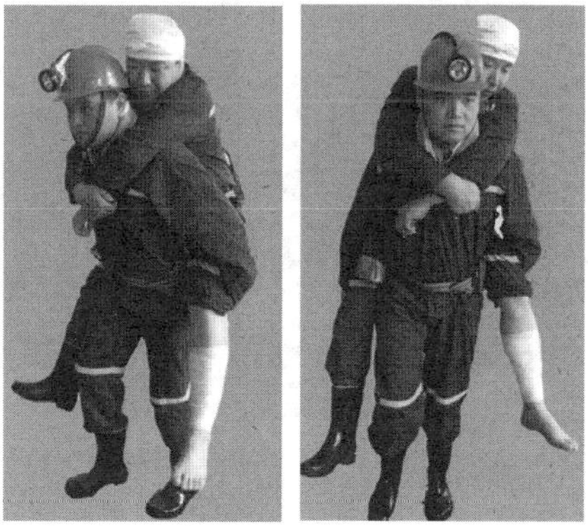

图 9-22　背负法

(3) 拖行法(腋下拖行、衣服拖行、毛毯拖行),如图 9-23 所示。

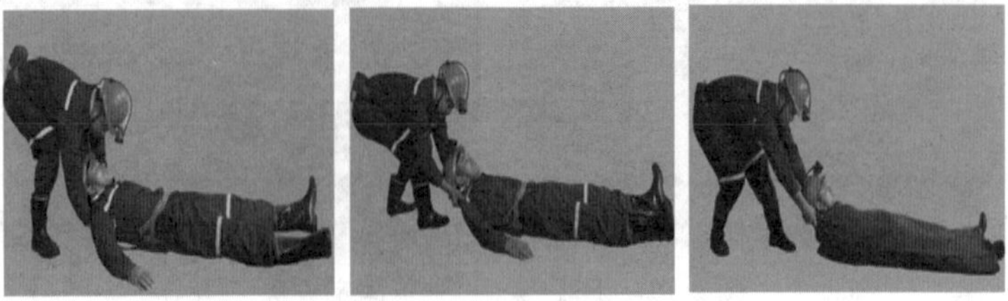

图 9-23　拖行法

(4) 爬行法,如图 9-24 所示。

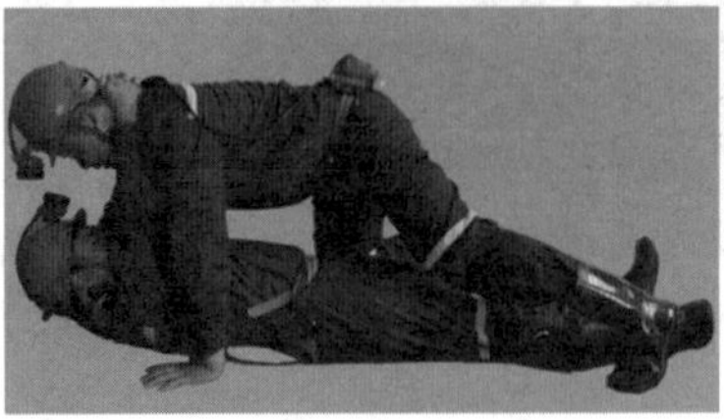

图 9-24　爬行法

单人搬运法

2. 双人徒手搬运法

(1) 轿杠式,如图 9-25 所示。

图 9-25　轿杠式

(2) 椅拖式,如图 9-26 所示。

双人搬运法	三人搬运法

图 9-26　椅拖式

3. 三人徒手搬运法

三人徒手搬运法如图 9-27 所示。

图 9-27　三人徒手搬运法

4. 四人徒手搬运法

四人徒手搬运法如图 9-28 所示。

图 9-28　四人徒手搬运法

5. 担架搬运

担架搬运如图 9-29 所示。

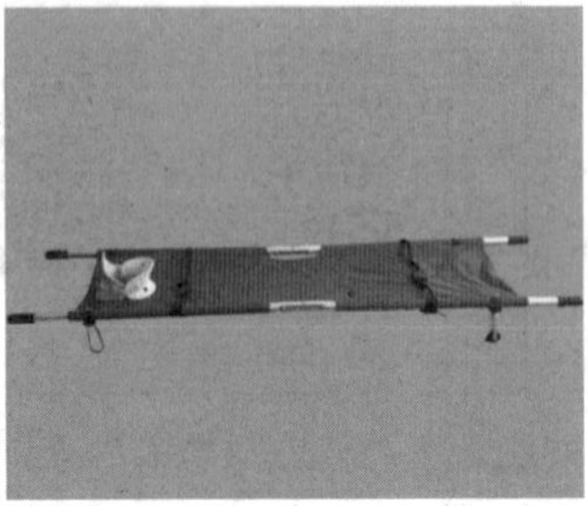

图 9-29　担架搬运

六、对不同伤员的现场急救

1. 对中毒或窒息人员的急救

(1) 立即将伤员从危险区抢运到新鲜风流中，取平卧位。

(2) 立即将伤员口、鼻内的黏液、血块、泥土、碎煤等除去，解开上衣和腰带，脱掉胶鞋。

(3) 用衣服覆盖在伤员身上保暖。

(4) 根据心跳、呼吸、瞳孔等特征和伤员的神智情况，初步判定伤情的轻重。

(5) 当伤员出现眼红肿、流泪、畏光、喉痛、咳嗽、胸闷现象时，说明是二氧化硫中毒所致。当出现眼红肿、流泪、喉痛及手指、头发呈黄褐色现象时，说明是二氧化氮中毒。一氧化碳中毒的显著特征是嘴唇呈桃红色，两颊有红斑点。对二氧化硫、二氧化氮的中毒者只能进行口对口的人工呼吸，不能进行压胸或压背法的人工呼吸。

(6) 人工呼吸持续的时间以恢复自主性呼吸或到伤员真正死亡时为止。当救护队来到后，转由救护人员用苏生器苏生。

2. 对外伤人员的急救

对外伤人员、烧伤人员、出血人员和骨折人员的急救，应分别采用包扎创面、止血和骨折临时固定等急救措施，然后迅速送往地面，到医院救治。

3. 对溺水者的急救

突水中，人员溺水时，可能造成呼吸困难而窒息死亡。对溺水者应采取如下措施急救：

（1）转送：把溺水者从水中救出后，立即送到比较温暖和空气流动的地方，松开腰带，脱掉湿衣服，盖上干衣服保暖。

（2）检查：检查溺水者的口鼻，如果有泥水和污物堵塞，应迅速清除，擦洗干净，以保持呼吸道通畅。

（3）控水：将溺水者取俯卧位，用木料、衣服等垫在其肚子下面；施救者左腿跪下，把溺水者的腹部放在右侧大腿上，使其头朝下；按压其背部，迫使水从体内流出。

（4）上述控水效果不理想时，应立即做俯卧压背法人工呼吸或口对口吹气，或胸外心脏按压。

4. 对触电者的急救

（1）立即切断电源，或使触电者脱离电源。

（2）迅速观察伤员有无呼吸和心跳。如发现已停止呼吸或心音微弱，应立即进行人工呼吸或胸外心脏按压。

（3）若呼吸和心跳都已停止，应同时进行人工呼吸或胸外心脏按压。

（4）对遭受电击者，若有其他损伤，如跌伤、出血等，应做相应的急救处理。

5. 对冒顶埋压人员现场急救

（1）扒伤员时须注意不要损伤其身体。靠近伤员身边时，扒掘动作要轻巧稳重，以免对伤员造成伤害。

（2）如果确知伤员头部位置，应先扒去其头部煤岩块，以使头部尽早露出。头部扒出后，要立即清除口腔、鼻腔的污物，与此同时扒身体其他部位。

（3）此类伤员常常发生骨折，因此在扒掘与抬离时必须十分小心。严禁用手去拖拉伤员双脚或用其他粗鲁动作，以免使伤势加重。

（4）当伤员呼吸困难或停止呼吸时，可进行口对口人工呼吸。

（5）有大出血者，应立即止血。

(6) 有骨折者,应用夹板固定。如怀疑有脊柱骨折者,应该用硬板担架转运,千万不能由人扶持或抬运。

(7) 转运时须有医务人员护送,以便对发生的危险情况给予急救。

6. 对长期被困在井下的人员急救

(1) 严禁用矿灯照射遇险者的眼睛,应用毛巾、衣服片、纸张等蒙住其眼睛。

(2) 用棉花或纸张堵住双耳。

(3) 注意保暖。

(4) 不能立即升井,应将其放在安全地点逐渐适应环境和稳定情绪。待情绪稳定,体温、脉搏、呼吸及血压等稍有好转后,方可升井送医院。

(5) 搬运时要轻抬轻放、缓慢行走,注意伤情变化。

(6) 升井后和治疗初期,劝阻亲属探视,以免伤员因过度兴奋发生意外。

(7) 不能让其吃过量或硬的食物,限量吃一些稀软、易消化的食物,以使肠胃功能逐渐恢复。

第十章　煤矿典型事故案例分析

第一节　瓦斯事故案例分析

案例一　山西晋城某矿有毒有害气体进入井底较大中毒窒息事故

【事故经过】

2017 年 8 月 26 日 7 时 15 分，山西晋城某矿综掘一队的当班工作任务是回收行人斜井和主斜井井底直排泵电缆，并强调了安全注意事项。职工往主斜井井底走了四五十米时，突然发现主斜井井底有一盏矿灯光线不动，怀疑是一个人。职工组织救援时，马某突然晕倒，韩某、李某、成某、田某、朱某抬起马某往上刚走了两三米，田某、朱某几乎同时晕倒，其他人员见状就赶紧往上返，成某鼻夹掉落，打了个趔趄，迅速用手捏住鼻子，于最后一个返回到横川口。此次事故共造成 4 人死亡，直接经济损失 379.151 4 万元。

【事故原因】

（一）直接原因

此次事故发生的直接原因为：主斜井井底应急水仓回撤水泵后，未对直排井水管口进行封堵，在大气压力和通风负压的共同作用下，地面排水沟里积存的有毒有害气体沿直排井水管涌入主斜井井底；魏某贸然进入氧气浓度极低的有毒有害气体积聚区域，导致窒息事故发生；现场人员对险情处置不当，导致事故扩大。

（二）间接原因

（1）井下现场管理存在漏洞。当班开工前跟班干部、班长、安检员未对事故区域现场进行巡检，瓦斯检查工对主斜井井底区域瓦斯检查不认真、不全面，是造成事故发生的原因之一。

(2) 安全管理不到位。措施审查不严密，在会审部门有缺席的情况下审查措施，且会审签字不严格；安检员、班组长、跟班队长入井未按规定携带便携式瓦检仪（瓦斯、氧气两用仪）；仪器发放室职工擅自脱岗；相关职能部室对井下作业动态掌握不清，是造成事故发生的又一个原因。

(3) 应急救援预案制定不详细、不具体。应急预案中缺少窒息事故救援方面的内容，现场救援缺乏经验，也是造成事故发生的又一个原因。

【防范措施】

(1) 矿井要完善关闭期间设备、材料回收的技术方案及安全技术措施，方案及措施中要增加关于预防窒息的措施及规定。有可能与地面连通的水泵、管路等设施拆除后要及时采取相应的安全技术措施。

(2) 加强矿井"一通三防"管理。对井下通风不畅的作业地点要使用局部通风机通风，确保作业安全。

(3) 矿井要加强现场管理力度，特别是要加强零星作业地点现场安全管理。作业前，要对现场的通风、瓦斯、氧气、顶板等情况进行安全检查，确认安全后方可进行作业。

(4) 职能部室要加强协调和沟通，及时掌握现场动态，准确通报现场相关情况；要加强现场监督检查和管理，对现场出现的异常情况及时做出安排、处理和跟踪落实。

(5) 煤矿企业要加强对下属各矿井的管控力度，加大对下属各矿井的日常安全监督检查力度，做细、做实隐患排查治理工作。

案例二　重庆某矿风量不足"裸眼"爆破引爆特别重大瓦斯事故

【事故经过】

2016年10月31日11时24分，某矿+93 m北一运输平巷1[#]采煤工作面在实施爆破落煤时发生爆炸，共造成33人死亡、1人受伤。

经调查分析，爆破产生的火焰导致瓦斯爆炸，煤尘参与了爆炸。爆炸产生了大量一氧化碳和高温火焰。因气体爆炸高温热作用导致5人死亡、气体爆炸高温热作用合并一氧化碳中毒导致22人死亡、气体爆炸高温热作用合并颅脑损伤导致6人死亡。

【事故原因】

（一）直接原因

在超层越界违法开采区域采用国家明令禁止的“巷道式采煤”工艺，不能形成全风压通风系统，使用一台局部通风机违规同时向多个作业地点供风，风量不足，造成瓦斯积聚；违章“裸眼”爆破产生的火焰引爆瓦斯，煤尘参与了爆炸。

（二）间接原因

（1）瓦斯积聚。越界区域煤层瓦斯含量高；采用“巷道式采煤”工艺，不能形成全风压通风系统，使用一台局部通风机同时向多个作业地点供风，风量不足；事故发生前瓦斯释放量增加。

（2）爆炸火源。作业人员爆破装药不使用封孔材料，现场勘查也未发现黄泥、水炮泥等封孔材料，可以认定为“裸眼”爆破。该矿日常安排采煤工作面爆破作业前，仅相邻2个采煤工作面作业人员撤出到采煤工作面口，其他采煤工作面人员不撤出。

（3）安全管理规定和制度不落实。矿安全管理机构不健全，未配备矿长及专职安全生产管理人员，技术负责人空岗，未执行入井检身、测风、瓦斯检查等安全管理制度，井下爆破工、机车司机、绞车司机等特种作业人员未经培训、无证上岗，且井下没有专职安全检查、瓦斯检查人员，未组织职工参加安全教育培训。

【防范措施】

（1）严格落实煤矿企业主体责任。煤矿企业必须依法办矿、依法生产、依法管理，要严格按照国家法律法规及行业标准组织生产建设，健全安全管理机构，配足安全技术管理人员，完善相关制度，加强安全生产管理；加大安全投入，确保安全生产系统、技术、设备符合安全生产法律法规和《煤矿安全规程》等要求；按规定开展职工安全培训教育，落实煤矿企业“三项岗位人员”考核的规定，注重提高从业人员的安全素质；严禁超层越界、使用国家禁止的生产工艺违法生产。

(2) 严格爆破管理。严格执行采掘工作面装药爆破的规定,必须使用水炮泥,外部剩余炮眼部分应用黏土炮泥或不燃性、可塑性松散材料制成的炮泥封实。爆破作业必须严格执行"一炮三检"制。用爆破方法处理卡在溜煤(矸)眼中的煤、矸时,必须采用取得煤矿矿用产品安全标志的用于溜煤(矸)眼的煤矿许用刚性被筒炸药或不低于该安全等级的煤矿许用炸药,并严格控制装药量,爆破前必须检查堵塞部位的上部和下部空间的瓦斯并洒水。严禁在工作面内采用炸药爆破方法处理顶煤、顶板及卡在放煤口的大块煤(矸)。

案例三　湖南郴州某矿采煤工作面遇构造引起较大煤与瓦斯突出事故

【事故经过】

2019 年 5 月 28 日中班,某矿总工程师组织召开班前会,共安排 23 人入井作业,其中,3463 工作面安排 6 人。16 时左右,6 名作业人员到达 3463 工作面后,一部分人开始移柱放顶,另一部分人在工作面距离机运巷 3 m 处放煤。17 时 40 分,3463 工作面发生了煤与瓦斯突出事故,造成 5 人死亡、1 人受伤,直接经济损失 718.5 万元。

【事故原因】

(一) 直接原因

3463 工作面处于地质构造变化带,煤层突然变厚;工作面处于孤岛煤柱中,属应力集中区;煤层未消突,违章放顶煤诱导煤与瓦斯突出,涌出大量高浓度瓦斯,导致作业人员伤亡。

(二) 间接原因

(1) 拒不执行监管指令,违法组织生产。拒不执行 2019 年 5 月 17 日以来县、乡下达的停止井下一切作业的指令,擅自在 3463 工作面违法组织生产。

(2) 蓄意瞒报作业地点,逃避安全监管。一是不在采掘工程平面图上标注 3463 工作面,迎检时,也不向各级监管监察部门汇报;二是 3463 工作面的监控数据人为不上传至地面监控中心;三是 3463 工作面作业人员不携带人员定位识别卡。

(3) 违章指挥，冒险作业。一是工作面瓦斯治理不到位。工作面区域防突措施设计、区域瓦斯抽采达标评判不符合相关技术规定，瓦斯抽采未达标，没有消除突出危险，2019 年 5 月 24 日回采以来，未进行防突预测预报，也未实施有效的局部防突措施。二是事故工作面通风系统不完善不可靠，随意施工中间联络巷，风流不稳定，风量严重不足。三是违规放顶煤开采。3463 工作面煤层有突出危险性，采用单体液压支柱和 π 梁支护，放顶煤开采，不符合《煤矿安全规程》第一百一十五条要求。四是事故工作面监控系统不完善。该工作面未按规定安设传感器，且数据不上传。五是瓦斯检查制度不落实。事故当班未检查瓦斯，相关人员没有停止作业，进行隐患整改，反而违章指挥、冒险作业。

(4) 采掘工程部署不合理。事故工作面布置在孤岛煤柱中，造成应力集中。

【防范措施】

(1) 进一步做好瓦斯地质管理工作。加强地质资料收集、分析和探查，准确掌握回采区域内煤层赋存状况、瓦斯赋存规律、地质构造形态，为制定、落实有针对性的防突措施提供依据。

(2) 根据实际地质情况采取有针对性的区域防突措施。对于煤层厚度变化大、地质构造复杂矿井，必须研究制定适合本矿地质条件的区域性瓦斯治理方法，保证有效消除突出危险。

(3) 加强抽采钻孔设计管理。强化防突抽采钻孔的检查和验收工作，确保钻孔按设计要求施工到位，石门揭煤、集中应力区和地质构造带(包括煤层变厚带)应对钻孔轨迹进行测量，严禁出现抽采空白区。

(4) 企业针对矿井隐蔽工程，采用假密闭、假图纸等手段蓄意逃避监管的行为，要认真研究对策，制定切实可行的监管措施。

(5) 突出矿井必须确定合理的采掘部署，使煤层的开采顺序、巷道布置、采煤方法、采掘接替等有利于区域防突措施的实施。

(6) 加强从业人员防突知识培训，确保人人熟悉防突知识。

(7) 完善安全监管工作机制，明确安检员工作职责和工作内容，发现违法违规行为要及时制止并向有关部门报告，对知情不报的要严肃追责，充分发挥安检员作用。

（8）安全监控平台进行升级改造，完成与企业监控平台联网，建立健全矿井安全监控平台岗位责任制和监控预警机制，完善分级处置制度，加强值班值守，确保监控有效、处置到位。

（9）明确瓦斯突出的避灾路线并加强培训和日常教育，使从业人员熟悉避灾路线。

第二节　煤尘事故案例分析

案例　山东肥城某矿“8·20”机械摩擦产生火花引燃煤尘较大爆炸事故

【事故经过】

2020年8月20日3时，山东肥城某矿35000采区因集中运输巷第一部带式输送机故障，运输工区维修，采煤机停机。5时55分，采煤机恢复割煤，安检员某军离开工作面进入胶带巷。约6时26分，当某军走到第三部带式输送机机头三岔口外20 m时，感觉一股风流从工作面吹过来，判断工作面可能出事了，往外赶到液压泵站用语音广播向工作面呼叫，刮板输送机司机鹿某某回答说工作面出事了。某军立即回工作面查看，走到第三部带式输送机机尾附近，遇到从工作面出来的鹿某某、郭某某、丁某某，3人头发烧焦，脸上黢黑，皮肤烧伤起皮。某军又往里走，到转载机处发现卢某某趴倒在排水点底板处，某军将其扶起靠在巷帮，继续向工作面查看，到刮板输送机机头，看到工作面内煤尘飞扬，能见度低。6时36分，某军用防爆手机向安监处汇报工作面出事了，抓紧派人下井救人。该事故造成7人死亡、9人受伤，直接经济损失1 493.68万元。

【事故原因】

（一）直接原因

35000采区35003综放工作面采煤机截割过程中，滚筒截齿与中间巷金属支护材料（锚杆、锚索、钢带）机械摩擦产生火花，引燃截割中间巷松软煤体扬起的煤尘（悬浮尘）导致煤尘爆炸。

（二）间接原因

（1）某矿安全措施不落实。事故当班现场作业人员未按规程措施要求及时拆除巷道锚杆盘、钢带和锚索索具，也未及时拆除缠绕在采煤机滚筒上的锚索，滚筒带动缠绕的锚索旋转导致扬尘增加并产生火花。

（2）某矿综合防尘措施落实不到位。未严格落实综合防尘措施，采煤机内喷雾堵塞未及时处理，推采过程中支架间喷雾、放顶煤喷雾未正常使用。未按设计进行煤层注水。

（3）某矿防范化解风险隐患不到位。某矿虽然辨识出工作面过中间巷煤尘爆炸风险，但管控措施针对性不强，没有对中间巷巷口因压力变化底煤变软的危害进行分析、评估，没有及时拆除中间巷两帮的托盘、钢带、金属网等支护材料，也未将综合防尘类隐患作为排查重点。

（4）某矿安全管理不到位。35003综放工作面揭露中间巷后，未考虑中间巷带来的影响因素，未及时修改作业规程，未对通风、防尘等相关内容进行补充完善。现场作业人员及安全管理人员对煤尘爆炸的危险性认识不足，对现场采煤机割煤时产生火花问题长期不重视。

（5）安全教育培训不到位。采煤机司机配备数量不足，事故当班人员均无采煤机特种作业操作证。对全员培训考核不合格的井下个别采煤作业人员未进行再培训，现场作业人员及安全管理人员对煤尘爆炸的危险性认识不足，对现场采煤机割煤时产生火花问题长期不重视。

（6）集团公司对某矿现场管理、技术管理、安全监督管理、安全教育培训、安全风险管控隐患排查治理不到位及生产组织不合理等问题失察。

【防范措施】

（1）加强安全管理。必须树立法治思维，坚守法治底线，依法办矿，依法管矿。严禁超层越界开采，遵守《煤矿安全规程》，健全完善安全生产责任制等各项安全生产规章制度；加强井下现场管理，停风、瓦斯超限立即停产撤人；严格遵守停送电制度，防止意外伤人；采煤机启动前，先清除工作面及其附近的金属支护材料（锚杆、锚索、钢带），保障安全出口通畅，清除障碍物，降低风阻，检查采煤机内外喷雾是否正常运行，降低机械摩擦产生的火花带来的危害。

(2) 加强煤尘防治工作。严格落实综合防尘、预防和隔绝煤尘爆炸等措施及管理制度,加强防尘降尘设备及运行的检查维护,确保喷雾降尘运行正常,防止粉尘超标和爆炸。

(3) 加强通风管理。完善通风系统及设施,提高通风设施可靠性,确保通风系统稳定;局部通风机供电要实现"三专两闭锁"和"双风机、双电源"。

(4) 坚持强基固本,加强安全教育培训工作。认真做好全员培训工作,强化全员安全培训质量和效果,重点学习安全生产方针、政策、法律法规和新技术、新装备,确保从业人员具备必要的岗位知识和专业技能,严禁未经培训或者培训不合格人员下井作业,认真开展针对特种作业人员持证情况大排查,确保所有特种作业人员持证上岗。强化警示教育,提升从业人员安全"红线"意识,增强风险辨识、自保互保能力,杜绝违章指挥、违章作业,从源头上提高从业人员的遵章守规意识。

第三节　火灾事故案例分析

案例一　重庆某矿托辊卡死引燃胶带重大火灾事故

【事故经过】

2020 年 9 月 27 日,重庆某矿带式输送机运转监护工邓某发现胶带存在问题,电话通知地面集控中心停止二区大倾角胶带运行。0 时 21 分,通风调度值班员孙某听见安全监控系统发出报警语音,发现+5 m 煤仓上口一氧化碳浓度超限达 0.015 4%并快速上升至 0.1%,立即向矿调度值班员余某报告。液压泵司机曹某听见+5 m 煤仓上口的一氧化碳传感器持续报警,便在电话中告知"一氧化碳超标"后中断通话,并立即打电话通知采煤二队撤人。此后,井下工人桂某在−150 m 电话汇报二号大倾角胶带运煤上山中上部有明火,余某安排其迅速联络跟班队长撤人,同时向值班调度长梁某报告了事故情况,随后相继通知井下其他区域撤人,并召请矿山救护大队到矿救援。此次事故共造成 16 人遇难、42 人受伤,直接经济损失 2 501 万元。

【事故原因】

（一）直接原因

某矿二号大倾角运煤上山胶带下方煤矸堆积，起火点－63.3 m 标高处回程托辊被卡死、磨穿形成破口，内部沉积粉煤；磨损严重的胶带与起火点回程托辊滑动摩擦产生高温和火星，点燃回程托辊破口内积存粉煤；运转工发现异常，电话通知地面集控中心停止胶带运行，紧急停机后静止的胶带被引燃，胶带阻燃性能不合格、巷道倾角大、上行通风导致火势增强，引起胶带和煤混合燃烧；火灾烧毁设备，破坏通风设施，产生的有毒有害高温烟气快速蔓延至 2324-1 采煤工作面，造成重大人员伤亡。

（二）间接原因

(1) 矿井安全管理混乱。二号大倾角运煤上山胶带防止煤矸撒落的挡矸棚日常维护不及时，变形损坏，导致胶带运行中撒煤严重，又未及时清理，造成胶带下部煤矸堆积多，掩埋甚至卡死回程托辊，少数回程托辊被磨平、磨穿，已磨损严重的胶带与卡死的回程托辊滑动摩擦起火；该矿没有按规定检查胶带下方的浮煤堆积、金属挡矸棚损坏等情况，业务保安不到位。对该胶带巷长期存在的问题，煤矿安全检查人员未及时发现消除隐患，致使胶带长时间“带病”运行。应急救援装备可靠性差，经事故区域现场勘查，压风自救装置存在面罩供气管过软，易老化、扭结等情况，1 组压风自救装置供气管路有积水；已使用的 12 台压缩氧自救器中，1 台开关损坏，3 台漏气，2 台压力表损坏。

(2) 安全监督管理责任不落实。安全风险分析、辨识和评估不全面，未对矿井带式输送机胶带火灾风险进行分析研判。对矿井安全监督管理不到位，隐患排查治理不深入，安全检查不全面、针对性不强。

(3) 该公司没有吸取事故教训。2018 年以来该公司发生多起较大以上事故和涉险事故，但对安全工作疏于管理，吸取事故教训不深刻，未按集团规定正常召开安全生产例会，未认真分析解决导致安全生产被动局面的系统性问题和深层次矛盾。经营指标下达不合理，矿井生产工作面多。

【防范措施】

(1) 加强机电设备管理。严把设备采购、入井检测、安装验收和运行管理关口。加强设施设备检修维护、日常保养、定期巡检、调校试验和隐患排查治理,严防设备"带病"运行。

(2) 强化标准化动态达标。改善现场作业环境,及时清理落煤,防止煤矸堆积;巷道及时冲尘,防止煤尘堆积。

(3) 严格落实矿井主体责任。矿井必须依法办矿、依法生产、依法管理,要严格按照国家法律法规及行业标准组织生产建设,健全安全管理机构,配足安全技术管理人员,完善相关制度,加强安全生产管理;加大安全投入,确保安全生产系统、技术、设备符合安全生产法律法规和《煤矿安全规程》等要求。

(4) 认真吸取事故教训。认真开展安全管理工作,对于发生的较大以上事故和涉险事故,要深刻吸取事故教训;按规定正常召开安全生产例会,认真分析解决导致安全生产被动局面的系统性问题和深层次矛盾,确保矿井安全生产。

(5) 加强职工安全知识教育和培训,按规定开展职工安全培训教育,注重提高从业人员的安全素质,提高职工自我防护意识和遇险处置能力。

案例二　山东济宁某矿采空区自燃热解气体较大爆炸事故

【事故经过】

2018 年 12 月 5 日,山东济宁某矿在井下材料周转库工作的职工吕某发现 230 综放工作面轨道巷密闭墙外飘浮黄色烟雾(烟雾在巷道顶板至顶板以下 0.5 m 范围内),随即向矿调度室报告。通防副矿长兼通防副总工程师冯某接到报告后立即下井查看情况,并在升井后,会同矿长、总工程师、生产矿长共同研究制定处置方案,决定同时砌筑 1 号密闭墙和 2 号密闭墙进行封闭。12 月 7 日 20 时 24 分,230 综放工作面封闭采空区发生爆炸,强冲击波冲垮 1 号密闭墙,将 7 人冲倒。此次事故造成 3 人死亡、3 人受伤,直接经济损失 475.5 万元。

【事故原因】

（一）直接原因

某矿230综放工作面封闭采空区遗煤自燃热解气体爆炸是事故发生的直接原因。

（二）间接原因

（1）某矿发现230综放工作面封闭采空区自然发火后，没有认识到自燃热解气体能够爆炸，治理封闭采空区自然发火专业能力不足，处置方案不合理。

① 在施工1号密闭墙和2号密闭墙时，在230探巷密闭墙、230胶带巷密闭墙分别新开设了调节风窗（0.20 m×0.20 m），只考虑了1号密闭墙至支架检修硐室的通风问题以及1号密闭墙和230胶带巷密闭墙之间的均压问题，没有分析到封闭火区改变局部通风系统使230综放工作面终采线漏风线路处于角联状态（原终采线漏风线路为并联），引起230综放工作面终采线漏风风压、风流方向和热解气体积聚条件改变，自燃热解气体积聚达到爆炸界限，遇自燃高温火点发生爆炸。

② 发现230综放工作面封闭采空区自然发火后，没有增设防火观测站、布置束管监测点，没有对封闭采空区气体成分进行分析和测定。

（2）该矿对隐蔽致灾因素排查、安全风险辨识不到位，没有排查、辨识出230综放工作面封闭采空区自然发火风险。

（3）安全技术管理体系不健全，通防副总工程师由副总经理兼任，通防办公室隶属生产技术处，没有配备“一通三防”技术管理和工作人员。

【防范措施】

（1）排查井下采空区隐蔽致灾因素，发现隐患及时处理。查明井下采空区分布、形成时间、范围，煤层厚度、回采率、煤柱留设、积水、自然发火和有害气体等情况，制定专项整改措施，切实消除事故隐患。

（2）提高采空区封闭质量，杜绝采空区漏风。密闭墙内气体成分要定期取样分析，发现自然发火征兆应及时发出预警，并采取安全措施进行处理。

(3) 加强矿井日常安全生产管理。加强对通风、瓦斯、煤尘、防灭火检查,完善专项治理措施,防止自然发火事故发生。

(4) 健全“一通三防”管理体系。建立健全矿长和总工程师等安全生产责任制,配齐技术管理人员。

(5) 加强教育培训,提高员工素质。按规定开展安全教育培训,提高安全教育培训的针对性、有效性。

第四节　水灾事故案例分析

案例一　新疆呼图壁某矿“4·10”老空区积水重大透水事故

【事故经过】

2021 年 4 月 10 日,新疆呼图壁某矿掘进工作面接近井田边界时,未严格执行探放水措施,综掘机掘透周边已关闭煤矿的越界废弃巷道导致发生淹井事故,造成 21 人死亡,透水量约 4.3 万 m^3。该矿为乡镇煤矿,由某公司整体托管,生产能力 60 万 t/a,水文地质类型中等。该矿位于新疆昌吉州呼图壁县雀尔沟镇的一个狭长的山谷中,周围有不少废弃煤矿存在。这些废弃煤矿中存在的大量积水可能是造成此次透水事故的主要充水来源。

【事故原因】

(一) 直接原因

该矿 B4W01 回风巷掘进工作面在掘进过程中未严格按要求进行探放水,综掘机掘透采空区,引发透水事故。

(二) 间接原因

(1) 水文地质条件不明。该矿未查明矿井及周边水文地质条件,未建立矿井水文动态观测系统。矿与矿之间未留设防隔水边界煤柱,井田范围及周边分布有 5 处已关闭矿井,且矿矿相通,其地表河流白杨河河水渗入采空区,采空区内积水量很大。

(2) 物探和钻探相结合的探放水措施落实不到位。B4W01 回风巷掘进工作面尽管采取了物探和钻探措施,且瞬变电磁超前探测成果报告显示掘进工作面前方为异常区，并且已探出老空水，但该矿仍超出安全距离违规掘进，4 月 10 日早班掘进超出允许掘进距离 9 m，4 月 10 日中班继续掘进，引发透水事故。

(3) 未按细则要求严格标定“三线”。该矿明知有水患，未执行细则要求的确定“积水线、警戒线、探水线”，仍每班安排掘进 9 m，未根治水患，边探水、边掘进。

(4) 防治水专业技术人员和专职探放水作业人员配备不足。矿井仅有防治水副总工程师 1 人为防治水专业技术人员，且自 2021 年 3 月 25 日休假回家，至事故发生时未返岗；地测防治水科室主任由地测副总工程师兼任，科室 3 名技术人员所学专业均不是地质防治水专业；矿井有 8 名探放水作业人员，仅有 3 人持有特种作业操作证。

【防范措施】

(1) 坚持防治水原则。坚持预测预报、有疑必探、先探后掘、先治后采的原则，根据不同水文地质条件，采取探、防、堵、疏、排、截、监等综合防治措施。

(2) 严格落实“三专两探一撤”措施。配齐专业探放水技术人员、专职探放水队伍、专用探放水设备，严格按规程、细则要求执行双探措施，严格执行水害应急处置制度，发现突(透)水等水害预兆时，立即停产撤人。

(3) 收集周边矿井采空区资料，严格按照细则要求绘制“三线”，并按要求编制探放水设计，制定有效的探放水措施，工程结束后进行效果评价，并提交上级部门审批，经上级部门批准后方可进行施工。

(4) 加大职工培训力度。强化应急处置预案演练，确保熟知避灾路线和避灾方法。

案例二　陕西铜川某矿“4·25”顶板砂岩含水层重大透水事故

【事故经过】

2016 年 4 月 24 日 22 时，综采队副队长党某某主持召开了零点班班前会，指出 ZF202 工作面 8 号支架前有淋水、20 号支架顶部破碎，要求采煤机割煤时注意跟机拉架，防止架前漏顶漏矸。会后，副队长谭某某和班长钟某某带领工人入井，综采队零点班出勤35人。25日0时左右，当班工人陆续到达ZF202工作面各自工作地点开始工作。副矿长刘某为零点班带班矿领导，25日0时左右随工人入井。当时工作面正在移架，8～21号支架处压力大，6～8号支架间顶板有淋水，刘某检查了工作面安全情况后，安排工作面开始割煤。25日7时左右，刘某去工作面运输机机头处查看。25日八点班综采队出勤32人。8时许，正在工作面10号支架处清煤的工人王某某发现7～9号架架间淋水突然增大，水色发浑，立即跑到工作面刮板输送机机头处报告带班副矿长刘某，随后撤离工作面。刘某接到报告后通过工作面声光信号装置发出“快撤”指令，随即和排水工李某某从工作面机头向运输巷撤出；副班长胡某某、支架工乔某某等25人向工作面机尾方向经回风巷撤出。在撤离过程中，听到巨大的声响，并伴有强大的气流，看到巷道中雾气弥漫。刘某到液压泵站向调度室做了汇报，并派当班瓦斯检查工张某某去运输巷查看情况，发现运输巷最低点已积满了水。随后，刘某与刚刚到达的八点班跟班副队长党某某清点了人数，发现11人未撤出。该事故最终造成11名矿工遇难。

【事故原因】

（一）直接原因

（1）受采动影响，ZF202综采放顶煤工作面回采过程中，煤层顶板上覆洛河组砂岩含水层随直接顶冒落形成离层水体，因顶板周期来压形成导水通道，离层水溃入工作面，造成作业人员被困。

（2）在工作面出现透水征兆后，仍继续冒险作业，引发工作面煤壁切顶冒落导通泥沙流体，导致事故发生。

（二）间接原因

（1）对水害危险认识不足、重视不够。① 矿井在2013年7月、2014年12月、2015年8月先后三次发生透水，没有造成人员伤亡，因而未引起企业管理人员和职工的重视，未认真进行总结分析，未采取有效勘探技术手段，查明煤层上覆岩层含水层的充水性，制定可靠的防治水方案。② 该矿《矿井水文地质类型划分报告》指出矿井构造主要为宽缓向斜，要对构造区富水性和导水性进行探查，同时对上下含水层水力联系进行探查，以确定矿井主要涌水水源。煤矿对水害并未重视，在ZF202工作面回采前，没有进行水文地质探查，对洛河组砂岩含水层水的危害认知不清，未能发现顶板岩层古河床相地质异常区。③ 现场作业和相关管理人员安全意识差，水害防范意识薄弱，对透水征兆辨识能力不强。ZF202工作面从4月20日零点班开始，工作面周期来压，30#～70#支架压力大，37#～45#支架前梁有水，煤帮出水。之后几天，各班虽强调注意安全，加强排水，但仍继续组织生产，并未采取安全有效的措施处理隐患。

(2) 防治水管理不到位。① 矿井防治水队伍管理不规范，配备5名探放水工分散在采掘区队；探放水工作由地测科组织实施，采掘区队配合，在施工过程中对钻孔位置、角度、深度无人监督，措施落实不到位。② ZF202工作面两平巷施工的探水钻孔间距、垂深不符合要求。探放水措施流于形式，钻孔施工不规范，2016年以来ZF202工作面推进长度约320 m，仅在运输、回风平巷各施工了两个探水钻孔，倾角分别为15°和36°、斜长分别为35 m和43 m；在工作面频繁出现淋水、压架等现象时，仍未采取有效的探放水措施。③《ZF202工作面回采地质说明书》未将上覆洛河组砂岩含水层作为主要水害防范对象，未编制专门的探放水设计，只制定了顶板探放水安全技术措施，且未进行会审。探放水措施存在漏洞，探水点间距和钻孔倾角、终孔位置设计不合理，每隔100 m布置一个探水点，且钻孔倾角为30°、斜长40 m，既达不到疏放洛河组砂岩含水层水的目的，也未达到《ZF202工作面回采地质说明书》规定的垂深60 m的要求。

(3) 安全教育培训和应急演练不到位。应急救援培训针对性不强，管理人员和职工对透水预兆认识不清，自保、互保意识不强；未开展水害事故专项应急演练工作，管理人员和职工在透水发生时应急处置能力差，出现透水预兆后，不及时撤人，继续违章冒险作业。

【防范措施】

(1) 认真吸取事故教训，提高认识，强化安全生产主体责任。煤矿企业要认真贯彻落实国家关于安全生产的一系列方针、政策，牢固树立科学发展、安全发展的理念，坚持“安全第一、预防为主、综合治理”的方针;深刻吸取本次水害事故的教训,严格遵守国家有关法律法规,认真落实各项安全生产责任制,切实落实主体责任,进一步加大隐患排查治理力度,做到安全生产。

(2) 加强矿井水文地质及灾害防治工作,并实施到位,确保安全生产。按照《煤矿防治水细则》要求开展水文地质补充勘探工作,查清煤矿地层充水性,查明矿井或采区水文地质情况,调查、收集、核实古河床相特殊构造带及废弃老窑的相关情况。加强与科研院所合作,开展煤层顶板离层水体相关机理研究,掌握工作面顶板压力显现规律和煤层顶板砂岩水形成机理及防治技术,为科学严密防范水害事故提供决策依据。实测上覆岩层“两带”发育高度等技术参数,重新确定矿井水文地质类型。坚持“预测预报、有疑必探、先探后掘、先治后采”的原则,建立健全防治水安全责任体系,配备专业技术人员、专用探放水设备,组建专门的探放水作业队伍。采取综合技术手段探明顶部离层空腔水体的赋存及其他灾害情况,在真实全面掌握矿井灾害的情况下,提出科学合理的综合治理方案,并实施到位,确保安全生产。

(3) 加强职工安全教育培训,提高水害应急处置能力。强化煤矿防治水安全培训和警示教育,提高职工辨识透水事故征兆水平,增强防范水害事故的能力。在采、掘过程中,发现顶板矿压异常,架间淋水,涌水量增大,水质、水温异常,水色发浑,片帮,漏顶及其他异常现象时,必须立即停止作业,查明原因,采取有效措施处理,严禁冒险作业。

(4) 强化煤矿生产安全管理、加大监管力度和深度。各级职能部门要进一步增强责任感和使命感,认真履行职责,真正做实做细煤矿企业安全生产管理监督工作,高度重视并认真研究分析日常生产过程中出现的新情况、新问题,加大监督检查力度,落实驻矿监管员责任,把隐患消除在萌芽状态,为煤矿安全生产创造条件、提供保障。对隐患排查措施不落实、不执行放水制度、不具备安全生产条件的一律责令停产整顿,严禁组织生产。

第五节　顶板事故案例分析

案例一　贵州某矿采煤工作面垮落重大事故

【事故经过】

2022 年 2 月 25 日 7 时 37 分，贵州某矿发生一起重大顶板事故，造成 14 人死亡。

2 月 24 日中班，赵某带领 7 人打开密闭到隐蔽采煤工作面爆破落煤，部分单体液压支柱被爆破崩倒或歪斜，未重新打设，采煤工作面煤壁处顶板大部分沿采煤工作面倾斜方向断裂，未加强支护。2 月 25 日早班，带班矿长郭某于 7 时 10 分入井，到运输上山查看架空乘人装置安装情况后走到井底车场，看到有人往隐蔽采煤工作面方向跑，郭某跟着往里跑到隐蔽采煤工作面下出口，看到采煤工作面冒顶，立即组织抢救，随后升井并报告了事故情况。

事故发生后，煤矿自行组织人员入井抢险救援无果后升井。

【事故原因】

（一）直接原因

超出矿界范围布置的隐蔽采煤工作面支护强度不足，导致复合顶板离层、断裂，支柱稳定性不够，造成顶板推垮，酿成事故。

（二）间接原因

（1）某矿未依法管矿，安全生产主体责任不落实。

（2）公司未履行安全生产管理职责。

（3）公司履职能力不足，安全管理不到位。① 履职能力不足。公司机构设置不健全、人员配备不足，对煤矿人、财、物无实际管理权，导致对煤矿的管理流于形式，不能有效履行安全管理职责。② 安全管理不到位。对煤矿开展安全检查的周期和次数均达不到公司安全检查有关制度规定；未对公司资质及管理情况进行监督检查。

【防范措施】

（1）煤矿要提高法治意识，依法依规办矿管矿。一是要树牢法治观念和底线思维，增强诚信意识、敬畏意识和守法意识。二是要依法依规实施矿井承包，严禁非法承包、违规转包分包。三是要如实报告生产作业情况，主动接受安全监管；及时如实上报生产安全事故，坚决杜绝迟报、瞒报而贻误救援时机。

(2) 煤矿要强化安全管理，切实履行主体责任。一是建立健全安全管理体系。二是抓实抓细安全培训教育。三是加强采掘顶板管理管控。

(3) 煤矿上级公司要切实履行主体责任。一是要杜绝“拼凑型”“挂靠型”集团公司，公司要对所属煤矿真管理、敢管理。二是要健全安全管理机构，配齐安全管理人员，提升履职能力。三是要强化对煤矿安全投入、安全管理能力等的监督检查。

案例二　江西丰城某矿空顶作业致亡一般事故

【事故经过】

2020 年 6 月 13 日 17 时 10 分许，江西丰城某矿发生一起顶板事故，造成 1 人死亡。

6 月 13 日 12 时左右，矿开拓六队值班干部主持召开了中班班前会，安排副队长、班长(死者)带领 6 人到东Ⅲ采区 701(下段)回风巷掘进工作面(以下简称 701 回风巷)进行掘进作业。14 时左右，作业人员陆续到达 701 回风巷，开始打眼爆破。15 时 40 分爆破，30 min 后，当班安全员首先进入迎头，发现爆破后顶板情况无异常，就离开 701 回风巷前往东Ⅲ轨道下山维修点检查安全工作。随后班长带人进入迎头，未使用前探梁临时支护就安排出煤，跟班副队长也没有制止班长等人的空顶作业违章行为。17 时 10 分，出煤工作结束，班长从迎头最前排锚网处向迎头拉卷尺测量时，突然垮落一块长 1.3 m、宽 0.6 m、厚 0.3 m 的岩石及碎渣，将其砸倒掩埋并致死。

【事故原因】

(一) 直接原因

701 回风巷迎头爆破后作业前，未对顶板进行临时支护，空顶作业，顶板突然垮冒，将正在迎头作业的人员砸埋致死。

（二）间接原因

（1）安全管理不严不实。701 回风巷自 6 月 9 日开始掘进起，至事故发生日 5 天时间，作业过程中均未使用临时支护，空顶作业，矿、队两级管理人员均未制止现场作业人员的违章行为。

（2）安全教育培训不到位。现场作业人员对顶板灾害防范意识不强，违章空顶作业，且死亡人员 2019 年为绞车工，2020 年转岗为掘进工时，矿未按要求对其进行转岗培训。

【防范措施】

（1）要切实加强安全管理。狠抓制度落实，狠抓现场管理，狠反“三违”，做实风险管控和隐患排查治理，加强安全生产标准化建设，提高矿井安全保障水平，有效防范安全事故发生。

（2）要加强安全生产教育和培训工作。认真吸取事故教训，开展经常性的安全警示教育活动，不断提高从业人员安全生产意识，增强职工按章操作的自觉性；加强对从业人员进行安全教育和培训，做到全员持证上岗。

（3）要坚持依法办矿。要树立法治意识，严格依法管矿、依法治安，依法及时如实报告事故，杜绝隐瞒不报、谎报、迟报事故现象。

第六节　其他事故案例分析

案例一　山东烟台某矿混存炸药、雷管爆炸致亡重大事故

【事故经过】

2021 年 1 月 10 日，山东烟台某矿发生爆炸事故，造成 22 人被困。经全力救援，11 人获救，10 人死亡，1 人失踪。

1 月 10 日，工程公司 1 施工队在向回风井六中段下放启动柜时，发现启动柜无法放入罐笼，施工队负责人李某安排员工唐某和王某直接用气焊切割掉罐笼两侧手动阻车器，有高温熔渣块掉入井筒。

12 时 43 分许，工程公司 2 项目部卷扬工李某兰在提升六中段的该项目部凿岩、爆破工郑某、李某满、卢某雄 3 人升井过程中，发现监控

视频连续闪屏;罐笼停在一中段时,视频监控已黑屏。卷扬工于13时4分57秒将郑某等3人提升至井口。

13时13分10秒,风井提升机房视频显示井口和各中段画面“无视频信号”,几乎同时,变电所跳闸停电,提升钢丝绳松绳落地,接着风井传出爆炸声,井口冒灰黑浓烟,附近房屋、车辆玻璃破碎。

14时43分许,采用井口悬吊风机方式开始抽风。在安装风机过程中,因井口槽钢横梁阻挡风机进一步下放,唐某用气焊切割掉槽钢,切割作业产生的高温熔渣掉入井筒。

15时3分左右,井下发生了第二次爆炸,井口覆盖的竹胶板被掀翻,井口有木碎片和灰烟冒出。

【事故原因】

(一)直接原因

井下违规混存炸药、雷管,井口实施罐笼气割作业产生的高温熔渣块掉入回风井,碰撞井筒设施,弹到一中段马头门内乱堆乱放的炸药包装纸箱上,引起纸箱等可燃物燃烧,导致混存乱放在硐室内的导爆管雷管、导爆索和炸药爆炸。

(二)间接原因

(1)现场安全管理不到位。承包方未按规定配备专职安全管理人员和相应的专职工程技术人员。未严格执行动火作业安全管理要求,作业人员使用伪造的特种作业操作证。矿方、承包方有关负责人及工程监理未及时发现并制止违规动火作业行为。井筒提升与井口气焊同时作业,纵容、放任现场违规交叉工作。

(2)技术措施落实不到位。未健全并落实民用爆炸物品出入库、领用、退回等安全管理制度;违规在井下设置民用爆炸物品储存场所,炸药、导爆管雷管和易燃物品混存混放。进行气焊切割作业时未确认作业环境及周边安全条件。事故发生当日井下作业现场没有工程监理。

(3)安全教育培训不到位。企业对外包进场作业人员安全教育培训、特种作业人员资格审查流于形式。承包方对爆破作业人员、安全管理人员进行专业技术培训不到位。监理人员未经监理业务培训,现场监理人员监理业务能力不足。

【防范措施】

（1）加强火工品管理。落实火工品管理安全责任制，建立健全火工品出入库检查、领退、保管、登记等各项管理制度；购买符合国家规定的合格火工品；炸药和电雷管严禁混存；定期对井下炸药库及存放点进行检查，发现异常及时处理，消除隐患。

（2）加强安全管理。发现违规作业及时制止，严禁违规交叉工作。

（3）加大职工培训力度。加强职工培训，特种作业人员必须按国家有关规定培训合格，取得资格证书，方可上岗作业。强化应急处置预案演练，确保职工熟知避灾路线和避灾方法。

案例二　甘肃平凉某矿违章接线触电一般事故

【事故经过】

2020 年 8 月 20 日 8 时 20 分，甘肃平凉某矿巷修工区班长张某某带领维护班人员在 3 煤回风巷下段用喷浆机启动开关替换已烧坏的 55 kW 绞车启动开关（换向器烧坏）。

因上级馈电开关有故障，馈电开关手把置于分断位置时负荷侧依然带电，维护人员赵某打开绞车启动开关未进行验电、放电、挂接地线，而直接拆线，发生触电死亡。该事故造成 1 人死亡。

【事故原因】

（一）直接原因

馈电开关手把置于分断位置时负荷侧电缆仍然带电；赵某在未落实验电、放电、挂接地线等安全措施的情况下，违章换绞车开关时直接与带电电缆芯线接触触电。

（二）间接原因

（1）矿井机电设备维护不到位。上级馈电开关在使用过程中产生电弧致使断路器触头粘连，开关手把置于分断位置时不能正常分断线路。

（2）矿井停送电制度执行不严格。巷修工区在安排更换 55 kW 绞车启动器的过程中，未指定现场安全负责人和施工负责人，在现场无人监护的情况下违章作业。

(3) 现场安全管理混乱。现场多台机电设备未按要求挂牌管理,馈电开关向多个施工地点供电,未明确管理单位和包机人员;当班安全管理人员监督检查不认真,对现场存在的违章作业行为排查治理不力。

(4) 矿井安全培训教育不到位。培训质量不高、效果不佳,现场作业人员安全意识淡薄、自保意识差,对维修过程中存在的风险辨识不清。

【防范措施】

(1) 加强电气设备管理,各类电气开关停电、闭锁功能正常,确保完好,发现问题立即停止使用。

(2) 电气设备检修作业时,必须执行停电、闭锁、验电、放电、挂接地线、挂牌的规定,同时要严格执行"谁停电谁送电"制度,规范停送电操作流程。电气作业时必须使用专业工具,在监护下作业。

(3) 加强职工安全知识培训,提升职工安全意识,增强职工风险辨识能力。各类作业人员每次作业前对作业过程中存在的危险、危害因素应进行充分辨识,并采取可靠的安全措施后,方可进行作业。

案例三　某矿带式输送机机头驱动滚筒处机架上检修挤死人一般事故

【事故经过】

2020 年 6 月 4 日,某矿 22 煤柱工作面底抽巷第三部带式输送机机头处区域前后胶带跑偏,一名维修工站在机头驱动滚筒处机架上调整已断开的输送带,并安排一名杂工启动带式输送机,以倒转驱动滚筒的方式松动输送带,在此过程中该维修工左腿卷入两驱动滚筒之间,致其被挤压死亡。该事故共造成 1 人死亡。

【事故原因】

(一) 直接原因

维修工站在机头驱动滚筒处机架上检修,其他人员启动带式输送机后该维修工左腿被卷入两驱动滚筒之间,致其被挤压后死亡。

（二）间接原因

（1）机电设备管理混乱。设备检修维护管理混乱，检修作业人员违章指挥、违章作业，设备带电且启动带式输送机检修；安排未经培训考试合格上岗的杂工开启带式输送机设备。

（2）教育培训工作不到位。作业人员安全自保、互保意识差，在没有采取任何措施情况下，冒险站在带式输送机机架上带电调试运转中的带式输送机，另一名现场作业人员对该冒险作业行为不但不制止，而且配合其作业。

（3）安全风险辨识工作不全面。未对日常维护带式输送机过程中存在的安全风险进行辨识评估，也未采取制定处理输送带跑偏等问题的专项操作规程或处置程序等风险防控措施。

【防范措施】

（1）加强机电设备管理。加强设备管理，完善管理制度；加强现场监督，制止违章指挥、违章作业；进一步完善管理制度，严禁在设备带电且启动运行期间检修；严禁安排非专职人员操纵电气设备。

（2）进一步加强安全生产风险与隐患排查双重预防体系建设。求真、求细、求实开展安全风险辨识评估，做到各场所、各环节、各岗位安全风险辨识评估全覆盖；制定落实有效风险管控措施，将防控风险挺在隐患前面，实现隐患排查治理横到边、竖到底，不留死角，将消除隐患挺在事故前面，确保安全生产。

（3）切实强化安全教育培训工作。提高从业人员安全生产素质和技能，严格执行机电运输安全管理制度和技术措施，杜绝违章指挥、违章作业；进一步吸取事故教训，认真学习、举一反三，确保入脑入心，牢固树立安全意识。

案例四　某矿架空乘人装置钢丝绳脱落致亡一般事故

【事故经过】

2018 年 2 月 16 日 8 时许，某矿机电一队司机付某到架空乘人装置机头对架空乘人装置进行检查，检查无问题后启动架空乘人装置。采煤区科员王某到己$_{15\text{-}17}$-24100 采煤工作面进行安全检查，防突队防突工何某到己$_{15\text{-}17}$-24100采煤工作面施工卸压注水钻孔，机运队泵工刘某到己四采区泵房值班。14时8分，何某、王某离开己$_{15\text{-}17}$-24100采煤工作面到达集中运输巷，相继从己四架空乘人装置机尾乘车上行。14时13分，机运队刘某在己四缆车机尾乘车上行，与此同时，到己$_{15\text{-}17}$-24100采煤工作面监护深孔松动爆破的一矿救护队队员孙某、梁某相继从己四架空乘人装置机头乘车地点乘车下行。14时26分32秒，付某听到驱动轮处有异响，即刻停机，对机头处检查以后没发现驱动轮异常，便于14时27分25秒再次启动设备。停机时刘某、梁某、孙某均坐在吊椅上等待，王某、何某在距离机头约130 m处，从己四缆车吊椅上下来，徒步上行。14时27分35秒，己四架空乘人装置牵引钢丝绳从机头驱动轮脱落，抱轨器及吊椅等沿吊轨整体急速下滑，王某、何某迅速躲入了就近的躲避硐室内，刘某、梁某、孙某三人随吊椅下滑跌落。事故造成刘某、孙某2人死亡，梁某重伤。

【事故原因】

（一）直接原因

(1) 己四架空乘人装置在运行过程中，一对抱轨器滚轮脱离工字钢轨道并下垂后随抱索器绕入驱动轮绳槽中，当班司机在听到驱动轮处异响停车后，没有查明原因便再次启动设备，导致牵引钢丝绳从驱动轮绳槽中脱落。

(2) 由于未安装防飞车挡椅保护装置，引发脱绳飞车事故。

（二）间接原因

(1) 安全技术措施不完善。《己四缆车试运行专项安全技术措施》未明确试运行期间禁止乘人，未采取措施防止人员违规乘坐。

(2) 未严格落实《己四缆车试运行专项安全技术措施》中“保护不完好不能进行试运行”的规定。

(3) 设备维护不认真，没有及时紧固连接抱轨器与抱索器的松动螺栓。

(4) 安排未经生产厂家培训合格并取得架空乘人装置操作证的司机上岗作业。

(5) 本岗位由于新安装架空乘人装置，缺少相应的操作规程，司机无法执行。

【防范措施】

(1) 对所属矿井所有架空乘人装置进行全面排查,安全保护不齐全的一律停用,及时消除架空乘人装置隐患,确保设备运行安全可靠。

(2) 强化职工安全培训工作,增强职工安全意识,提升职工操作技能。对新技术、新产品、新设备、新工艺必须进行专项培训,使职工熟悉设备结构、性能、各种保护,掌握检查、维修、操作技能,并认真组织考核,职工经考核合格后方可上岗,确保职工业务素质、应急处置能力与岗位相匹配。

(3) 加强技术管理和现场管理。对井下机电运输设备制定严格的管理制度,新设备试运行必须制定科学严谨的安全技术措施及相应的操作规程;对井下架空乘人装置必须加强日常检查和维护保养,确保设备运行安全可靠。

(4) 全面落实企业主体责任。要建立健全安全生产责任制,杜绝违章指挥、违章作业;构建隐患排查治理、风险评估和分级管控、安全生产标准化“三位一体”安全防控体系,确保安全生产。

参考文献

[1] 卜素.《中华人民共和国安全生产法》专家解读[M].徐州:中国矿业大学出版社,2021.

[2] 黄学志,王洪权,时国庆,等.《煤矿防灭火细则》专家解读[M].徐州:中国矿业大学出版社,2021.

[3] 孙广建,张长合,魏永建.煤矿从业人员安全再培训教材:"七新"知识与必知必会必禁知识问答[M].徐州:中国矿业大学出版社,2023.

[4] 王平炎,王山,马胜银.煤矿从业人员安全培训教材:从业实用安全知识及现场应急技能问答[M].徐州:中国矿业大学出版社,2023.

[5] 袁河津.《煤矿安全规程》专家解读:井工煤矿[M].2022年修订版.徐州:中国矿业大学出版社,2022.

[6] 中华人民共和国应急管理部,国家矿山安全监察局.煤矿安全规程:2022[M].北京:应急管理出版社,2022.